Monographien zum Pflanzenschutz

Herausgegeben von Professor Dr. H. Morstatt · Berlin-Dahlem

1

Der Apfelblattsauger

Psylla mali Schmidberger

Von

Dr. Walter Speyer

Regierungsrat bei der Biologischen Reichsanstalt
für Land- u. Forstwirtschaft, Zweigstelle Stade

Mit 59 Abbildungen

Berlin
Verlag von Julius Springer
1929

ISBN 978-3-642-89092-5   ISBN 978-3-642-90948-1 (eBook)
DOI 10.1007/978-3-642-90948-1

Herrn Ministerialdirektor J. Streil

dem Förderer der deutschen Pflanzenschutzforschung

in Verehrung gewidmet

Vorwort.

Das vorliegende Werk ist das Ergebnis eines nahezu vierjährigen Studiums des Apfelblattsaugers. Die Untersuchungen konnten nur dadurch so ausgedehnt werden, daß sie sich im Rahmen der großzügigen Bekämpfungsarbeiten bewegten, die das Reichsministerium für Ernährung und Landwirtschaft im Jahre 1925 an der Niederelbe in die Wege leitete. Herrn Ministerialdirektor STREIL vom Reichsernährungsministerium schulde ich großen Dank für weitgehende Förderung der Forschungsarbeiten, desgleichen dem Direktor der Biologischen Reichsanstalt für Land- und Forstwirtschaft Herrn Geheimrat Professor Dr. O. APPEL in Berlin und dem Leiter der Stader Zweigstelle der Biologischen Reichsanstalt Herrn Regierungsrat Professor Dr. K. BRAUN in Stade.

Auch den Herrn Landräten im Regierungsbezirke Stade, insbesondere Herrn Landrat Dr. SCHWERING in Jork, bin ich für ihr großes Interesse und Entgegenkommen dankbar.

Zahlreiche Obsthofbesitzer haben die Arbeiten dadurch wesentlich gefördert, daß sie ihre Anlagen für Beobachtungen und Bekämpfungsversuche — deren Ausgang oft recht zweifelhaft war — bereitwillig zur Verfügung gestellt haben. Es ist unmöglich, alle Namen aufzuzählen. Ich nenne nur mit besonderem Dank die Herren Rittergutsbesitzer JOHS. I. C. RINGLEBEN in Götzdorf, Gutsbesitzer KL. KOLSTER in Wöhrden und Hofbesitzer HEIN. SOMFLETH in Mittelnkirchen.

Die mühsame Arbeit der statistischen Untersuchungen lag großenteils in der Hand meiner bewährten Mitarbeiterin Fräulein O. HADERSOLD, der ich für ihre zuverlässige Hilfe sehr dankbar bin.

Stade, Prov. Hannover, im Dezember 1928.

Dr. WALTER SPEYER.

Inhaltsverzeichnis.

Inhaltsverzeichnis. VII

I. Einleitung.

In der auch heute noch wertvollen „Naturgeschichte der schädlichen
Insecten in Beziehung auf Landwirthschaft und Forstcultur" von VIN-
CENZ KOLLAR (1837) finden wir auf S. 284—291 einen Beitrag aus
der Feder von JOSEPH SCHMIDBERGER, Chorherrn des Stiftes St. Florian
in Wien, über ein bis dahin in der Literatur unbekanntes Insekt, das
er „Apfel-Afterblattlaus" oder „Apfelsauger" (*Chermes mali*
SCHMDB.) nennt[1]. SCHMIDBERGER gibt eine für seine Zeit vortreffliche
Beschreibung vom Bau und von der Entwicklung des Apfelsaugers.
Auch die durch den Schädling verursachten Krankheitsbilder sind
SCHMIDBERGER, namentlich aus den Jahren 1832, 1833 und 1835, wohl
bekannt. Erst gegen Ende des Jahrhunderts beschäftigen sich einige
Autoren in England (z. B. THEOBALD und der anonyme Verfasser von
The apple sucker, Leaflet Nr. 16) und in Deutschland (z. B. TASCHEN-
BERG) mit der von SCHMIDBERGER noch ungenügend behandelten Be-
kämpfung des Apfelsaugers, weniger mit seiner Lebensgeschichte. WITT-
MANN — wiederum ein Pfarrer — gibt recht gute biologische Notizen
(1915—1926). Nach der 1919 bemerkten Verschleppung des Apfel-
saugers von Europa nach Kanada wendet sich ihm das Interesse der
„angewandten Entomologie" in gesteigertem Maße zu. Eine größere
Zahl sorgfältiger und umfassender Arbeiten von BRITTAIN und DUSTAN
zeigt, daß die Bedeutung des Schädlinges in Kanada sofort klar erkannt worden ist. Während in Rußland und in den an Ost- oder
Nordsee angrenzenden Ländern England, Norwegen, Schweden,
Dänemark und Holland wiederholt und auch in neuerer Zeit an der
Vervollkommnung der Psyllabekämpfung gearbeitet wurde, war hierzu
in dem von Krieg, Revolution und deren Folgen geschwächten Deutschland ein besonders starker Anstoß notwendig. Dieser Anstoß ging von
dem etwa 10000 ha großen geschlossenen Obstbaugebiet aus, das sich
in den hannöverschen Elbmarschen (und in den angrenzenden
Geestgebieten) mit seinem Kern etwa von Hamburg bis Stade erstreckt (vgl. Abb. 55). Hier war seit 1922 vermutet und im Sommer

---

[1] In einer etwas weniger bekannten Arbeit hat SCHMIDBERGER den Apfelsauger bereits ein Jahr vorher (1836) beschrieben.

1925 mit Sicherheit festgestellt worden, daß der etwa seit 1900 beobachtete fortschreitende Ertragsrückgang (SCHWERING, 1925) mit einem bisher kaum beachteten Massenauftreten des Apfelsaugers in Verbindung stand (RINGLEBEN, 1925; BRAUN, 1922, 1925; SPEYER, 1926—1928). Wenngleich die Apfelfehlernten an der Niederelbe nicht allein dem Apfelsauger zur Last gelegt werden dürfen, so sind die von ihm verursachten Schäden — wie sich immer deutlicher zeigt — doch so schwer und umfangreich, daß die für eine wirkungsvolle Bekämpfung gemachten Aufwendungen nach wie vor gerechtfertigt bleiben. Bei der nunmehr einsetzenden Großbekämpfung wurden mancherlei praktische Erfahrungen und biologische Kenntnisse gewonnen, die in den folgenden Kapiteln mit der bereits vorliegenden Literatur verarbeitet worden sind.

II. Der Apfelblattsauger (Psylla mali SCHM.).

A. Beschreibung.

1. Name und Systematik.

Wie bereits in der Einleitung mitgeteilt wurde, hat zuerst SCHMID-
BERGER das Tier deutsch und lateinisch benannt. Die Bezeichnung
Apfel-Afterblattlaus[1] hat sich wegen ihrer Umständlichkeit nicht ein-
gebürgert, jedoch wird der SCHMIDBERGERsche Name „Apfelsauger"
neben dem späteren „Apfelblattsauger" und „Apfelblattfloh" heute noch
in Deutschland allgemein benutzt. Daß sich gelegentlich auch irre-
führende Vulgärnamen finden, wie z. B. für die Larven „Zucker- oder
Honigmilbe", sowie „Schmierläuse oder Schmiermilben" (in der Provinz
Brandenburg) und „Läuse" (Niederelbe), ferner für die Imagines „grüne
Mücken" oder „Fliegen" (Niederelbe) sei nur kurz erwähnt. In den eng-
lisch sprechenden Ländern heißt der Schädling „apple sucker", in Norwegen „eplebladloppen" oder „eplesuger", in Dänemark „aeble-bladloppen", in Schweden „äpplebladloppan", in Holland „applebladvloo",
in Japan „Ringo-kijirami", in Polen „miodówka jabloniowa"[2].

SCHMIDBERGER ordnete den Apfelsauger in die große Gattung *Chermes* ein, in die LINNÉ (1758)[3] die ihm bekannten Psylliden gestellt hatte.

---

[1] JOH. LEONHARD FRISCH (1720) beschreibt unter dem Namen „Saugwurm
auf den Elsen oder Erlen" die Erlen-Psylla *Psylla alni* L. und bildet die Larven
ab. Auch diese deutsche Bezeichnung für Psylliden konnte sich begreiflicher-
weise nicht halten.

[2] RÉAUMUR (1737, S. 351—362) nennt die Psylliden „falsche Blattläuse"
(„des faux pucérons").

[3] Löw (1880, S. 570—571, Anmerkung 11): „LINNÉ hat im ganzen 17 *Chermes*-Arten aufgestellt. Hievon sind: Acht als Psyllodenarten wieder erkannt
worden, nämlich: *C. aceris, alni, betulae, buxi, ficus, fraxini, pyri* und *urticae*;
eine, die bekannte Fichtengallenlaus, *Ch. abietis*, welche zu den Aphiden gehört;
drei bloß benannt, aber nicht beschrieben, nämlich: 1. *Ch. cerastii*, von welcher
LINNÉ nichts weiter angibt, als daß durch sie Deformationen an *Cerastium vis-
cosum* entstehen; 2. *Ch. fagi*, von der LINNÉ bloß sagt: „Habitat in *Fagi sylva-
ticae* foliis" und dabei eine Abbildung RÉAUMURS zitiert, welche eine Aphiden-
art, die bekannte *Phyllaphis fagi* L. darstellt; 3. *Ch. ulmi*, unter welchem Namen
LINNÉ eine Larve beschreibt, die wahrscheinlich einer *Pemphigus*-Art angehört;
eine, die *Ch. graminis*, ein ganz räthselhaftes Insekt, aber jedenfalls keine Psyllode,
weil schon LINNÉ selbst, ganz entgegen dem Wortlaute seiner Gattungsdiagnose,

Förster (1848) überführte dann den Apfelsauger in die von Geoffroy (1762) aufgestellte Gattung *Psylla*. In der amerikanischen
Literatur findet man häufig die Schreibweise *Psyllia* Kirkaldy (1905),
die dort aus nomenklatorischen Gründen für richtiger gehalten wird.

Die Gattung *Psylla* wird in die Ordnung der *Rhynchota* (Schnabel-
kerfe) nach Enderlein (Brohmer, Fauna von Deutschland, Leipzig
1920) folgendermaßen eingegliedert:

Ordnung: *Rhynchota*.

1. Unterordnung: *Heteroptera*, Wanzen, Ungleichflügler.
2. Unterordnung: *Sandaliorrhyncha*, Wasserzikaden.
3. Unterordnung: *Homoptera*, Gleichflügler.
    I. *Cicadina*, Zikaden.
    II. *Psylloidea*, Blattfloh-Verwandte.
        1. Fam. *Psyllidae*, Blattflöhe, Springläuse[1].
          1. Unterfamilie: *Aphalarinae*.
          2. Unterfamilie: *Psyllinae*.
            (Gattungen nach Aulmann: *Calophya* Löw, *Metapsylla*
            Kuw., *Diaphorina* Löw, *Epipsylla* Kuw., *Psylla* Geoffr.
            Pauropsylla Rübsaamen, *Protyora* Kieff., *Pachypsylla*
            Riley, *Blastophysa* Riley, *Cecidopsylla* Kieff., *Myco-
            psylla* Frogg., *Eucalyptolyma* Frogg., *Eriopsylla* Frogg.,
            Syncarpiolyma Frogg., *Brachypsylla* Frogg., *Ambly-
            rhina* Löw, *Spanioneura* Löw, *Arytaena* Scott, *Gona-
            noplicus* Enderl., *Livilla* Curt., *Floria* Löw, *Alloeoneura*
            Löw, *Homotoma* Guer., *Freysuila* Aleman, *Mesohomo-
            toma* Kuw., *Macrohomotoma* Kuw.).
          3. Unterfamilie: *Triozinae*.
        2. Fam. *Aleurodidae*, Mottenläuse.
    III. *Aphidoidea*, Blattläuse.
    IV. *Coccoidea*, Schildläuse.

Die Artsystematik der Gattung *Psylla* war lange Zeit und vornehmlich durch den Einfluß Försters fast ausschließlich auf Farbmerkmale
gegründet und daher sehr unsicher. So erklärt sich die große Zahl der

---

von ihr sagt: „pedes non saltatorii"; vier gewiß auch Psyllodenarten, welche
aber bis jetzt noch nicht entziffert werden konnten, einerseits weil sie von Linné
viel zu ungenügend beschrieben wurden, andererseits weil die Pflanzen, nach
denen Linné sie benannt hatte, wahrscheinlich gar nicht ihre Nährpflanzen sind.
Diese Arten heißen: *Ch. calthae, quercus, salicis* und *sorbi*."

[1] Als schädlich werden außer dem Apfelsauger folgende Arten genannt
(Zacher, 1916): *Psylla pyri* L., *pyricola* Fst., *pyrisuga* Fst. an Birne; *Psylla
isitis* Bukt. am Indigo in Behar; *Phytolyma lata* Scott an *Chlorophora excelsa*;
Phacosema Zimmermanni Aulm. an *Khaja senegalensis*; *Trioza viridula* Zett. an
Mohrrüben; *Diaphorina citri* Kuws. an *Citrus*.

synonymen Bezeichnungen. Erst MEYER-DÜR (1871, S. 385) und Löw (1886) machten mit Nachdruck auf die bisher zumeist unbeachtete, aber schon von DE GEER (1780) beschriebene Farbvariabilität entsprechend dem Lebensalter der *Psylla*-Imagines aufmerksam.

Synonyme nach Löw (1882) und AULMANN (1913):

Psylla mali SCHMDBG. (1836),
„ *dubia* FÖRST. (1848),
„ *aeruginosa* FÖRST. (1848),
„ *crataegicola* FÖRST. (1848),
„ *occulta* FÖRST. (1848),
„ *rubida* MEYER-DÜR (1871),
„ *claripennis* MEYER-DÜR (1871),
„ *viridissima* SCOTT (1876).

Synonyme nach ŠULC (1910):

Psylla mali SCHMDBG. (1836),
„ *peregrina* FÖRST. (1848),
     (von AULMANN als Species beibehalten),
„ *carpini* FÖRST. (1848) (von AULMANN als Synonym für *peregrina* betrachtet),
„ *aeruginea* FÖRST. (1848),
„ *crataegicola* FÖRST. (1848),
„ *dubia* FÖRST. (1848),
„ *rubida* MEYER-DÜR (1871),
„ *claripennis* MEYER-DÜR (1871).
„ *viridissima* SCOTT (1876).

2. Nährpflanzen und ihre Verbreitung.

In der Literatur (vgl. AULMANN, a. a. O., FLOR, 1861, REUTER, 1873, 1876, 1881 und SCOTT, 1876) findet man als Nähr- bzw. Fangpflanzen angegeben: *Pyrus malus, Pyrus communis, Cydonia, Crataegus, Sorbus aucuparia*[1], *Quercus, Ulmus, Corylus.*

Bei der ausgesprochenen Wanderlust des Apfelsaugers kann man die Imagines in den Sommermonaten auf den verschiedensten Pflanzen antreffen (s. u.), so daß die oben gegebene Liste beliebig vermehrt werden könnte. Die wirklichen Nahrungsbedürfnisse des Tieres können daher nur durch Feststellung derjenigen Pflanzen geklärt werden, an denen sich die Larven normal entwickeln können. Darauf hat bereits LUNDBLAD (1920) mit Nachdruck hingewiesen. Bei Massenbefall werden außer an Apfelbäumen stets auch einzelne Eier an anderen Bäumen oder Sträuchern abgelegt, ohne daß damit die Gewähr für eine normale Entwicklung gegeben wäre. Ich selbst fand Eier auf Zwetschen- und Birnenzweigen gar nicht selten. Nach BRITTAIN (1927) werden die Eier gelegentlich auch an *Sorbus aucuparia* und Quitte (*Cydonia*) abgelegt. THEOBALD

---

[1] Auf *Sorbus* lebt anscheinend eine von *Ps. mali* deutlich unterscheidbare andere Species: *Psylla sorbi* L. (vgl. EDWARDS, 1918).

(1904), der die Imagines im Sommer auf *Crataegus* fand, bezweifelt gleichwohl, daß sie zur Eiablage dort bleiben.

Normalerweise ist der Apfel die einzige wirkliche Nährpflanze. BRITTAIN (1927) berichtet von gelegentlichen schwachen Larvenschäden an Birne, Quitte und Pflaume, und SCHØYEN (1917) teilt mit, daß Weißdornhecken, die zur Einfriedigung von Obstgärten dienten, mehrmals schwer von *Psylla mali* befallen waren. Ob SCHØYEN den naheliegenden Verdacht auf *Psylla crataegi* widerlegen konnte, entzieht sich meiner Kenntnis. — Bei von mir durchgeführten Zuchtversuchen mit verschiedenen Nährpflanzen ergab sich, daß die Larven sowohl in Birnenwie in Weißdornknospen annähernd normal ihre Metamorphose beenden können, wenn sie auch häufig bestrebt sind, von der nicht ganz zusagenden Futterquelle abzuwandern. Dagegen erwiesen sich Sauer- und Süßkirsche, Schlehe, Pflaume, Zwetsche und Rose zur Aufzucht der Larven als vollkommen ungeeignet.

Für die Verbreitung des Apfelsaugers ist demnach das Vorhandensein von Apfelbäumen die wichtigste Vorbedingung. Die Wildform *Pirus malus silvestris* und die als verwilderte Kulturform betrachtete subspecies *pumila* kommen vielerorts in Europa vor, ob auch in Asien und Nord-Afrika ist fraglich (HEGI[1], IV. 2. Hälfte, S. 745—754). M. WILLKOMM (1887, S. 849) schreibt darüber: „Die Polargrenze der wilden Apfelbäume schneidet nach v. TRAUTVETTER Schweden in der Breite von Upsala und geht durch Finnland über Tawastehus und Sysma zum Ladogasee, von dessen nördlichem Ufer sie sich nach Kasan und bis an die Grenze der sibirischen Nadelhölzer hinzuziehen scheint. Das massenhafte Auftreten der wilden Apfel- überhaupt Obstbäume bildet nach BLASIUS ein charakteristisches Moment in der Physiognomie der Wälder des südlicheren Rußlands. Innerhalb unseres Gebietes finden sich die wilden und verwilderten Apfelbäume in der südlichen Hälfte häufiger als in der nördlichen, aber auch dort doch nur zerstreut und vereinzelt." (Vgl. auch K. KOCH, die deutschen Obstgewächse, Stuttgart, 1876.)

Die Kulturformen des Apfels gedeihen im gemäßigten und subtropischen Klima aller Erdteile, sofern tiefgründiger Boden mit der nötigen Feuchtigkeit zur Verfügung steht. Anbaugebiete[2] befinden sich in

I. Europa: Deutschland, Holland, Nordfrankreich, England, Südschweden, Südnorwegen, Nordspanien, Norditalien, Tschechoslowakei, Polen, Österreich, Schweiz, West-, Mittel- und Südrußland.

II. Asien: schmaler Streifen etwa von Leningrad bis Peking; Japan.

III. Afrika (Südafrika).

IV. Amerika: U. S. A., vornehmlich im Osten; Südosten von Kanada; Chile.

V. Australien: Victoria (Südaustralien); Ostküste; Neuseeland.

---

[1] HEGI, G.: Illustrierte Flora von Mitteleuropa. München: Lehmanns Verlag.
[2] Nach: E. FRIEDRICH: Handatlas. Berlin 1926.

3. Geographische Verbreitung des Apfelsaugers.

Nach AULMANN (a. a. O.) findet man *Psylla mali* in Deutschland, Österreich, Ungarn, Böhmen, Schweiz, Schweden, Finnland, England, Irland, Frankreich, Mittelrußland, Kaukasus und Japan (Insel Hokkaido). OSHANIN (1907 und 1910) meldet außerdem Belgien als Heimat und berichtet von Fundorten in Transkaukasien sowie Nord- und Mittelrußland (an der Wolga): Manglis, Tsarskoye Selo, Luga, Kaluga, Lioni, Tula, Ryazan, Borissogljebskij, Penza, Saratov, Kamyschin, Samara. — Beim Studium der Literatur sind mir folgende Meldungen über schädliches Auftreten bekannt geworden: 1. in Deutschland (vgl. BRAUN, 1922): Nord- und Mittelhannover, Schleswig-Holstein, Mecklenburg, Ostpreußen, Posen, Rheinhessen, Rheinprovinz, Westfalen, Coburg, Meiningen, Goslar, Werder a. H., Elsaß-Lothringen, Hessen-Nassau, Oberfranken, Württemberg, Hohenzollern, südl. Baden (Bodensee), Dresden, Vogtland, Lausitz, Oberschlesien; 2. Dänemark; 3. Holland; 4. Österreich: Tirol, Nieder- und Oberösterreich (Linz); 5. Schweden: Mittel- und Südschweden; 6. Norwegen: Oslo, Hardanger, Sogne; 7. Irland: von Norden bis Süden; 8. England: Besonders schädlich etwa seit 1900 (THEOBALD, 1904, Bull. 44, S. 65), Südengland von Okehampton bis Kent und Wye, Ostengland von Oxford bis Lincoln, Westengland von Gloucester bis Leigh (besonders südlich von Birmingham), Nordengland: York und Stockton; 9. Jugoslavien: Krain; 10. Tschechoslowakei: Böhmen (besonders die Bezirke Außig, Leitmeritz, Auscha und Leipa[1]) und Mähren; 11. Ungarn: Westungarn, häufiger an *Malus silvestris* als an Kulturäpfeln (BRITTAIN, 1922); 12. Polen: Krakau; 13. Rumänien: Bessarabien (Chotin); 14. Rußland: Nordrußland (Petersburg-Leningrad), Mittelrußland von Wollynien (Shitomir) bis zur Wolga (Kasan, Samara, Saratow als östliche Grenzorte). Charkov und Poltava in Mittelrußland scheinen die südlichsten vom Apfelsauger erreichten Punkte zu sein. Meldungen aus der Krim (Simferopol) beziehen sich nicht auf *Psylla mali*, sondern eine andere, nicht näher bestimmte Spezies (MOKRZECKI, 1913, 1914 und 1916; PORTCHINSKY, 1913). Auch die Meldungen aus Stawropol (MORITZ, 1920) erscheinen mir fraglich. 15. Nordjapan: im Süden der Insel Hokkaido (Sapporo); 16. Nordamerika: Kanada, trotz THEOBALDS Warnung (1904, Bull. 44) im Jahre 1919 in Nova Scotia eingeschleppt (BRITTAIN, 1919); 17. Australien: Queensland (JARVIS, 1922).

Zweifellos wird das Schadauftreten des Apfelsaugers weiter reichen als die vorliegenden Meldungen der Literatur erkennen lassen, denn dank seiner Kleinheit wird der Schädling von zahlreichen Praktikern

---

[1] Nach: Hauptstelle für Pflanzenschutz Dresden (1926) und Anonymus (1926).

gar nicht beachtet. Immerhin darf man einige Schlüsse auf die klimatischen Bedürfnisse des Apfelsaugers ziehen. Die Befallszentren liegen fast ausnahmslos unter warmgemäßigtem Regenklima (Mitteleuropa) oder unter borealem Waldklima (Rußland, Kanada, Hokkaido). Es hat den Anschein, als ob die Höhe der relativen Luftfeuchtigkeit wenigstens zu bestimmten Jahreszeiten von entscheidendem Einfluß ist. Aus den Klimatabellen der Länder läßt sich jedoch wenig entnehmen, da die in normaler Höhe angebrachten Hygrometer zu sehr von Art und Dichte der benachbarten Bodenvegetation bzw. von ihrer Transpirationsgröße beeinflußt werden. Die deutschen Befallsgebiete haben eine durchschnittliche Niederschlagshöhe von etwa 600—900 mm im Jahre. Beginn und Stärke des Auftretens von Eis- und Frosttagen im Herbst sind von Wichtigkeit für den Verlauf der Eiablage des Apfelsaugers. Die vorliegenden Meldungen über diese Erscheinungen genügen jedoch nicht für eine kritische Betrachtung. Am genauesten findet man die Temperaturverhältnisse der verschiedenen Länder aufgezeichnet. Bei allen mir bekannt gewordenen Gebieten mit ernsteren Apfelsaugerschäden liegt der Jahresdurchschnitt (vieljähriges Mittel) zwischen 3° und 9° C, und der Durchschnitt der Monate März bis Oktober zwischen 8,5° und 13° C. Gegenden mit kalten Wintern und kühlen Sommern werden demnach ebenso gemieden wie solche mit milden Wintern und heißen Sommern. Dagegen können lange kalte Winter in Verbindung mit kurzen heißen Sommern (Rußland) anscheinend ebenso gute Lebensbedingungen schaffen wie das mehr ausgeglichene ozeanische Klima unserer Nordseeküste. Die Wärme des Sommers muß wohl in umgekehrtem Verhältnis zu seiner Länge stehen, damit die Geschlechtsreife zeitig genug eintritt, und damit die Eiablage im Herbst vor Beginn heftigerer Nachtfröste beendet sein kann. Hiernach darf man annehmen, daß der Apfelsauger auch in den bisher noch nicht von ihm verseuchten Anbaugebieten in Nordamerika und Neuseeland geeignete Lebensbedingungen finden könnte.

4. Morphologie und Anatomie.

A. Die Imago. (Abb. 1.)

a) Allgemeines. Die erwachsenen Apfelsauger sind im männlichen Geschlecht durchschnittlich 2,6 mm, im weiblichen 2,9 mm lang; hierbei sind die Fühler und die in der Ruhe den Hinterleib dachförmig deckenden und ihn um etwa 1 mm überragenden Flügel nicht mitgerechnet. Mitte Juli fand ich als Durchschnittsgewicht des ♂ 0,96 mg, als Durchschnittsgewicht des ♀ 1,16 mg. Mitte September wogen die ♂♂ nur noch 0,84 mg, während die ♀♀ mit ihren reifen Ovarien 1,2 mg schwer waren, also an Gewicht zugenommen hatten. (Durchschnittsgewichte von je 100 Tieren.)

Sofort nach beendeter Metamorphose sind alle Imagines an Kopf, Thorax und Beinen bläulichgrün, in der Mitte des Abdomens etwas mehr gelblichgrün. Tibia, Tarsus und Fühler sind sehr hell milchig, fast hyalin-durchsichtig. Der Rüssel ist schwach hellbraun mit schwarzer Spitze. In den milchgrauen Augen erscheint ein Zentrum — es sind die 6—8 Facetten, deren Achse mit der Augenachse des Beschauers zusammenfällt — dunkelviolett. Die beiden seitlichen Ocellen sind zitro-

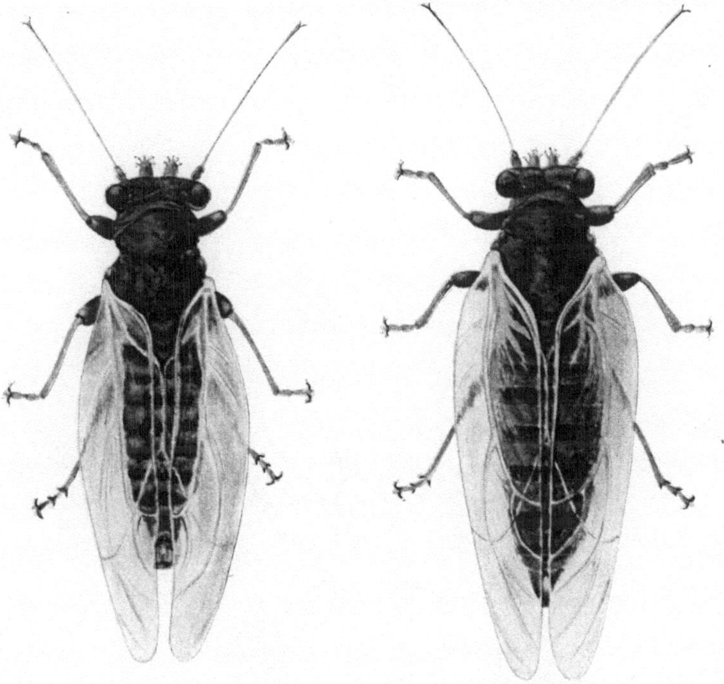

Abb. 1. Apfelblattsauger in herbstlicher Färbung. (Nach MINKIEWICZ, 1924, I. Abb. 11 und 12. — Verändert.) Links Männchen, rechts Weibchen.

nengelb, der vordere etwas heller. Krallen und Dornen an den Tarsen sind dunkelbraun, die Flügel durchsichtig. Später — schon Mitte Juni — färben sich bestimmte Stellen des Thorax und des Abdomens mehr gelblich. Es sind dies am Kopf die drei Ocellen und die Fühlerbasis, das Pronotum, sowie zwei Längsstreifen auf dem Scutum des Mesothorax, die hinteren Ränder der abdominalen Tergite sowie die äußeren Geschlechtsanhänge. Die Netzaugen haben zu dieser Zeit eine durch blaugraue Tönung abgeschwächte hellgrüne Farbe, ihr Zentrum erscheint dunkel. In der Folgezeit bilden sich Verschiedenheiten in der Färbung beider Geschlechter aus. Die vorher bezeichneten Stellen bekommen bei den Weibchen wesentlich lebhaftere Farbtöne als bei den im ganzen

weiterhin grün oder gelblich bleibenden Männchen. Mitte September
haben die meisten Weibchen etwa folgende Färbung angenommen: bei
rötlichgelber Grundfarbe erscheinen die oben mehrfach bezeichneten
Stellen des Thorax sowie Teile des Genitalapparates graubraun. Die
Abdominaltergite sind blutrot, ihre Hinterränder braunschwarz (Abb. 1).
Ich stimme Minkiewicz (1927) bei, daß man diese im Herbst lebhaftere
Färbung der Apfelsauger nicht als Hochzeitskleid (Schmidberger, 1837)
im eigentlichen Sinne bezeichnen darf.

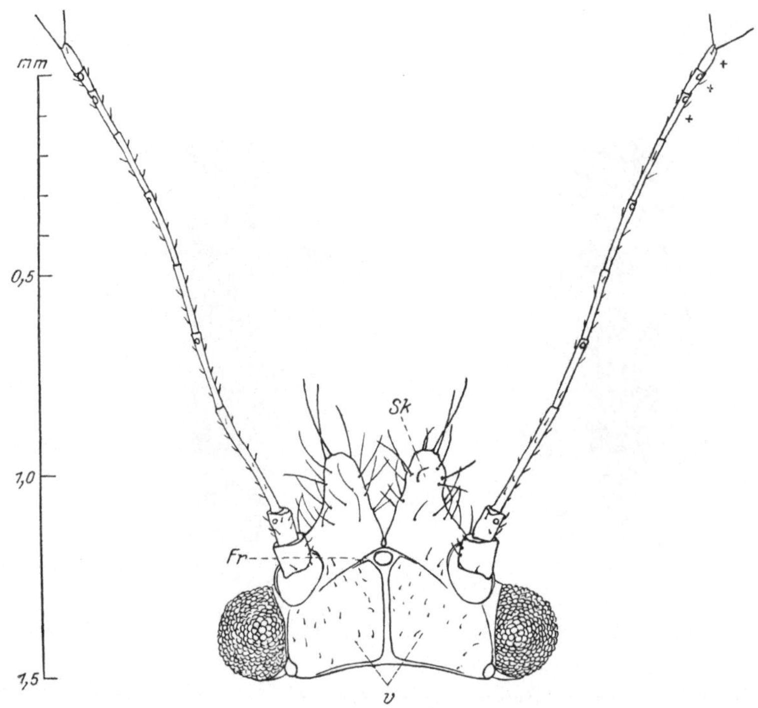

Abb. 2. Kopf eines Apfelsauger-Weibchens. Aufsicht. Die beiden basalen Fühlerglieder haben
eine schuppige Struktur, die Geißelglieder sind geringelt. Beim Männchen sind die mit + bezeichneten Fühlerglieder um weniger als 10% länger und dicker. *Sk* Stirnkegel; *Fr* Frons;
V Vertex.

b) Kopf (Abb. 2). Der Kopf trägt außer den beiden Netzaugen und
den drei Ocellen die Fühler, die beiden Stirnkegel und den erst zwischen
den Vorderhüften freiwerdenden Rüssel.

Der größte Teil der Vorderseite des Kopfes wird vom Scheitel
(Vertex) gebildet. Er ist im ganzen von dreieckiger Gestalt und füllt
den Raum zwischen den Netzaugen, den Fühlern und dem vorderen
Ocellus aus. Durch eine mediane Chitinleiste ist er in zwei Hälften geteilt, in seinen hinteren Seitenecken befindet sich je ein Ocellus. Zwischen

Vertex und Hinterhauptsloch erstreckt sich ein schmales Skelettstück, das Occiput. Die Stirn (Frons) ist stark reduziert; fast ihre ganze Fläche wird von dem vorderen Ocellus eingenommen (BRITTAIN, 1923, S. 1). Zwei von der Vorderseite des Kopfes nach unten gerichtete große kegelförmige Zapfen werden von den deutschen Autoren zumeist Stirnkegel genannt, während BRITTAIN (1923) den von CRAWFORD (1911) geprägten Ausdruck „genal cones" (=Wangenkegel) vorzieht, da er diese mit Sinneshaaren reich besetzten und für die Psylliden charakteristischen Gebilde für Fortsätze der Wangen (genae) hält. Die basale Hälfte der Stirnkegel ist mit etwa 18 unregelmäßigen Kränzen feiner Dörnchen besetzt. Über die Anordnung der Borsten gibt Abb. 2 Auskunft. Das Untergesicht wird größtenteils von dem birnförmigen Clypeus gebildet, der allmählich in das Labrum übergeht (GROVE, 1919). Das Labrum endet schließlich im Epipharynx[1]. Die großen halbkugelförmigen Netzaugen stehen durch breite Nervenstränge mit dem Gehirn in Verbindung.

Netzaugen und Ocellen bieten nach den grundlegenden Untersuchungen von WITLACZIL (1885) wenig Besonderheiten.

Die zwischen den Netzaugen und den Stirnkegeln in breiten Gelenkhöhlen stehenden Fühler sind aus zwei breiteren Grundgliedern und einer achtgliedrigen Geißel zusammengesetzt. Während die Cuticula der Grundglieder ähnlich der des Vertex eine schuppenartige Struktur besitzt, ist die Oberfläche der Geißelglieder mehr oder weniger geringelt. Rhinarien von annähernd kreisrunder Gestalt finden sich am distalen Ende des 2., 4., 6. und 7. Geißelgliedes und des 2. Grundgliedes. Das zuletzt genannte Sinnesorgan ist kleiner als die übrigen und wurde anscheinend bisher übersehen. Die Fühlerglieder tragen eine spärliche und kurze Behaarung von nicht so großer Regelmäßigkeit, wie das von vielen anderen Insekten, z. B. den Aphiden bekannt ist; nur zwei größere Tasthaare an der Spitze des Endgliedes sind stets vorhanden. Dunkelbraun chitinisiert sind nur die beiden Terminalglieder; die Spitze des 6. Geißelgliedes vermittelt den Übergang zu den übrigen hellchitinisierten Fühlergliedern. Die Bewegung der Antennen erfolgt nach GROVE (a. a. O.) als Ganzes durch je fünf Muskeln, die vom Tentorium kommend an der Basis des Antennengrundgliedes angreifen.

Mit der durch ihre rückwärtige Verlagerung unübersichtlichen Mundregion (Abb. 3) haben sich nach WITLACZIL (1885) neuerdings GROVE (1919) und WEBER (1928 und 1929) sehr eingehend befaßt. Auch BRITTAIN (1923) und MINKIEWICZ (1924) gehen auf die anatomischen Verhältnisse näher ein. Wie bei allen Rhynchoten sind die Mandibeln und I. Maxillen zu

---

[1] Nach Abschluß dieser Arbeit hat WEBER (1929) die gesamte Morphologie des Psylla-Kopfes sehr genau dargestellt und viele Unklarheiten beseitigt.

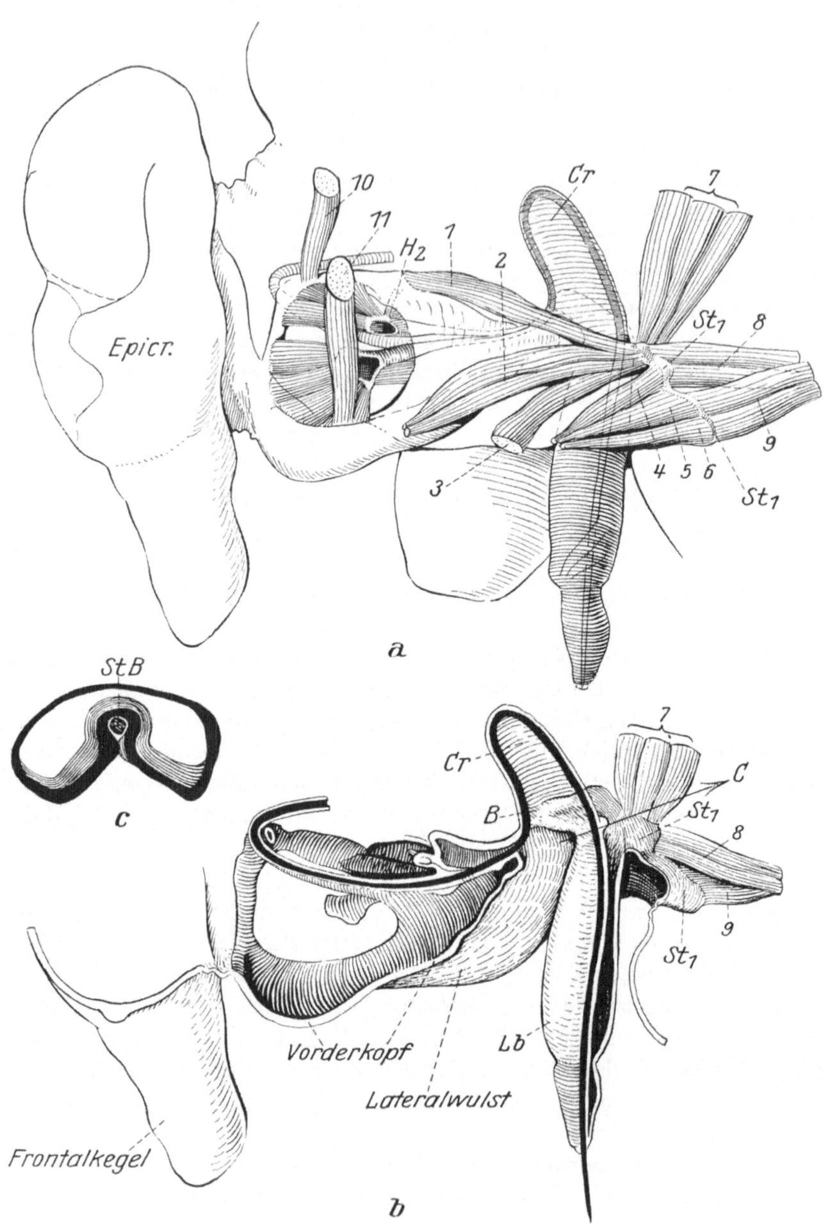

Abb. 3. Vorderkörper der Imago von links gesehen. *a* linke Vorderhüfte und linke Seite des Prothorax entfernt, Muskeln belassen. *b* rechte Hälfte durch Medianschnitt losgetrennt, Muskeln bis auf wenige entfernt, Schnittflächen weiß, Inneres des Darmes und Labiums sowie das Stechborstenbündel schwarz. *c* dicker Querschnitt durch das Labium in Richtung des Pfeiles in *b*. *B* Basis des Labiums; *Epicr* Epicranium; *Cr* Crumena; *Lb* Labium; *St*$_1$ Prosternum; *St B* Stechborstenbündel; *H*$_2$ Chitinhebel zur Befestigung der Stechborstenbasis; *1* und *2* Protractoren des Prosternums, die am Vorderkopf entspringen; *3—6* Protractoren des Prosternums, die an der Vorderhüfte entspringen; *7* Levatoren des Prosternums; *8—9* Retractoren des Prosternums. (Nach WEBER, 1928, Fig. 9.)

Stechborsten umgewandelt; das vordere bzw. äußere Stechborstenpaar entspricht den Mandibeln, das hintere bzw. innere den Maxillen I. Alle vier Borsten haben einen kegelförmig verdickten Basalteil mit drüsenartigem Inhalt, der als „retortenförmiges Organ" bezeichnet wird. Nach WEBER (1929) sind die Retorten ein für die Steuerung der Stechborsten wichtiges nervöses Organ; während des Larvenlebens bilden sich in ihnen vor den Häutungen die neuen Stechborsten. Während die kräftigeren Mandibeln hohl sind und bis zu ihrer Spitze selbständig bleiben, legen sich die anscheinend soliden Maxillen gleich nach ihrem Eintritt in die Mundhöhle dicht zusammen und verankern sich dank ineinandergreifender Rinnen und Leisten so fest miteinander, daß sie ein Organ zu bilden scheinen. Gleichwohl dürfte eine eigentliche Verwachsung nicht eingetreten sein. Jede Maxille hat an ihrer Innenfläche zwei Längsrinnen, so daß durch das enge Aneinanderpressen beider Borsten zwei Kanäle gebildet werden. Der größere, nach vorn gerichtete Kanal wird von GROVE (a. a. O.) als Saugkanal, der engere als Speichelkanal aufgefaßt. An der Basis einer jeden Maxille greift ein Chitinstäbchen („Maxillary lover", BRITTAIN, 1923) an, dessen freies Ende sich anscheinend mit dem Tentorium verbindet. Wenn die Stechborsten in der Ruhelage ganz in den Kopf eingezogen sind, nehmen sie folgende Lage ein: gleich hinter der Mundhöhle biegen die Borsten scharf dorsal um, durchlaufen die sogenannte Borstenkammer (Crumena)[1] in einem Bogen und treten dann in den Rüssel ein. Das etwa 0,9 mm lange Stechborstenbündel liegt während der Ruhe zu $^1/_3$ seiner Länge in der Borstenkammer. Von dem zum Rüssel umgewandelten Labium (= Maxille II) ist das erste Glied nach Ansicht von GROVE mit der Brust verwachsen, während Glied 2 und 3 zwischen den Vorderhüften frei werden und nahezu senkrecht nach unten zeigen. Die Spitze des Endgliedes ist mit Sinnesstiften besetzt.

An der Basis der Stechborsten greifen je vier kleine Muskeln an, von denen zwei zum Vorstoßen, die beiden anderen zum Zurückziehen der Borsten dienen (Abb. 25). Es ist schwer denkbar, wie diese verhältnismäßig kurzen Muskeln imstande sein sollen, die langen Borsten vollständig vorzutreiben. Auch die Borstenkammer ist nicht befähigt, ihrerseits die Borsten aus der bogenförmigen Ruhelage zu strecken und dadurch aus dem Rüssel hervorzustoßen. GROVE (a. a. O.) glaubte, folgende Erklärung des Stechaktes von *Psylla mali* geben zu können: Zunächst wird die Rüsselspitze mit nur wenig hervorragenden Stechborsten leise der Blattfläche aufgesetzt. Indem das Tier sich gleichzeitig anklammert und durch allgemeine Muskelkontraktion seinen Turgor erhöht, wird der Rüssel einerseits etwas verlängert, andererseits werden

---

[1] Die Borstenkammer durchbohrt das Bauchmark hinter dem Unterschlundganglion.

die Stechborsten in ihm festgeklemmt. Dadurch werden die Borsten
um so viel in das Blatt eingestochen, wie sie zunächst aus der Rüsselspitze hervorragten. Wenn nun der Turgor nachläßt, verkürzt sich der
Rüssel, während eine erneute Verstärkung des Turgors zunächst die
Borsten noch etwas weiter aus der Borstenkammer hervorpreßt, sie
dann aber wieder im Rüssel festklemmt und mit der Verlängerung des
durch seine Eigenmuskulatur beweglichen Rüssels weiter in das Pflanzen-
gewebe vortreibt. Der Stechakt besteht demnach aus einer Kette von
Einzelhandlungen. Umgekehrt sind die Stechborsten leicht und wesentlich schneller aus dem Blattgewebe herauszuziehen, wenn das Tier durch
verstärkten Turgor die Borsten im Rüssel einklemmt und sich gleichzeitig mit den Vorderbeinen energisch von der Unterlage abhebt.

Neuerdings gibt WEBER (1928) eine vollkommen abweichende, durch
gute Beobachtungen und Untersuchungen hinreichend gestützte Erklärung von der Physiologie des Stechaktes bei Hemipteren, insbesondere
auch bei *Psylla mali*. Nach WEBERS Darstellung (a. a. O. S. 170) stößt
zunächst die Mandibel der einen Seite ein kleines Stückchen vor, wobei
sie von dem ganzen Borstenbündel, mit dem sie ja durch leistenartige
Vorsprünge ziemlich fest verbunden ist, geführt wird. Es folgt die
Mandibel der anderen Seite, und hernach stoßen die beiden Maxillen
gemeinsam vor. Dieser aus drei Phasen bestehende Vorgang wiederholt
sich mehrere Male, bis die an der Basis der Stechborsten angreifenden
Protraktoren ihre maximale Kontraktion erreicht haben. Dadurch, daß
sich nunmehr die am Vorderrand des Prosternum angreifenden kräftigen
Rückziehmuskeln kontrahieren, wird der Rüssel an seiner mit dem
Prosternum festverbundenen Basis etwas eingeknickt, und die Stechborsten sind wie in eine Zange eingeklemmt. Nun können die im Kopf
gelegenen Retractoren die Basis der Stechborsten wieder in die Ausgangs-
stellung ziehen, ohne die Borstenspitzen zu beeinflussen. Der Griff der
Zange lockert sich bei Nachlassen des Muskelzuges infolge der Elastizität des Chitins, und das dreiphasige Vortreiben des Borstenbündels
kann wieder beginnen. Parallel mit dem immer tieferen Vordringen der
Stechborsten geht eine Verkürzung des Labiums, die sowohl durch
Hebung des Prosternum als auch durch Beugung des Rüsselendgliedes
mit Hilfe eines im 2. Gliede gelegenen Muskels bewirkt wird. Je weiter
die Spitze des Borstenbündels aus dem Rüssel hervortritt, desto mehr
wird die Crumena von der ursprünglich in ihr liegenden Borstenschleife
verlassen. Näheres ist der Originalarbeit zu entnehmen. Das Zurückziehen der Stechborsten erfolgt in umgekehrter Reihenfolge der Einzelhandlungen. Soll jedoch die Verbindung mit der Nährpflanze schnell
gelöst werden, so hat der Apfelsauger die Möglichkeit, die „Zange" an
der Basis des Rüssels in Tätigkeit zu setzen und damit die eingeklemmten
Stechborsten durch Strecken der Beine aus der Unterlage herauszu-

reißen. Bei den Larven vollzieht sich der Stechakt wesentlich anders
(s. u.). Die bereits von DE GEER (1780, S. 89) beobachtete aktive Beweg-
lichkeit der Stechborstenspitze erklärt WEBER (a. a. O.) durch ein-

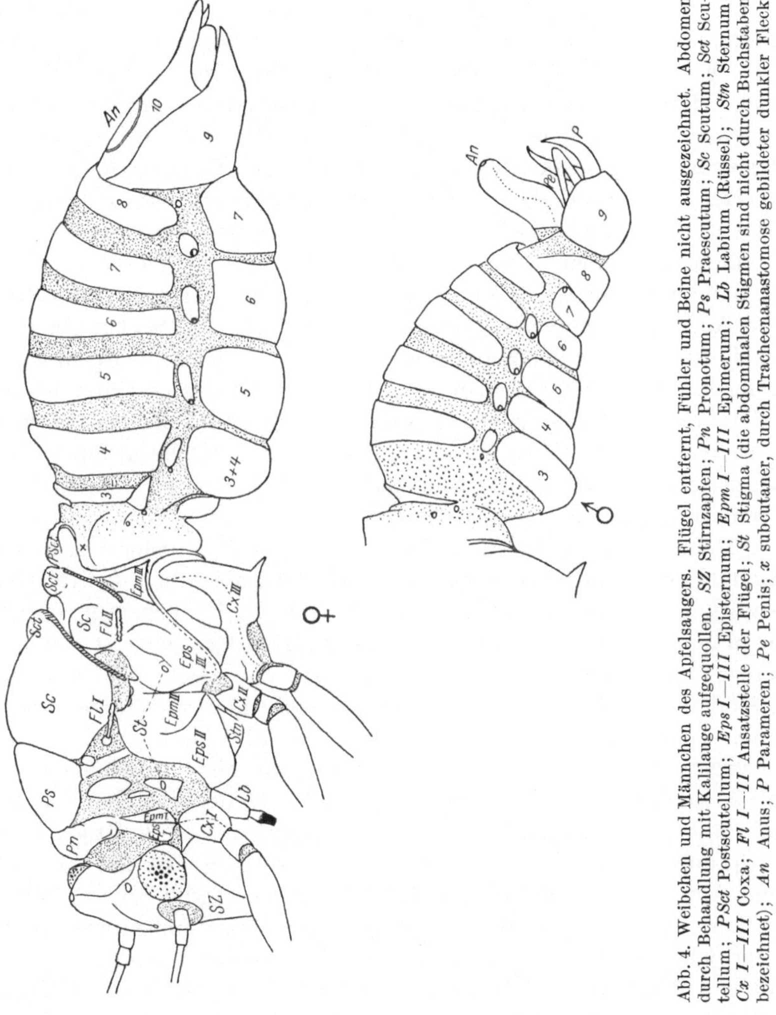

Abb. 4. Weibchen und Männchen des Apfelsaugers. Flügel entfernt, Fühler und Beine nicht ausgezeichnet. Abdomen durch Behandlung mit Kalilauge aufgequollen. *SZ* Stirnzapfen; *Pn* Pronotum; *Ps* Praescutum; *Sc* Scutum; *Sct* Scutellum; *PSct* Postscutellum; *Eps I—III* Episternum; *Epm I—III* Epimerum; *Lb* Labium (Rüssel); *Stn* Sternum; *Cx I—III* Coxa; *Fl I—II* Ansatzstelle der Flügel; *St* Stigma (die abdominalen Stigmen sind nicht durch Buchstaben bezeichnet); *An* Anus; *P* Parameren; *Pe* Penis; *x* subcutaner, durch Tracheenanastomose gebildeter dunkler Fleck.

seitiges Vorstoßen der im allgemeinen gemeinsam arbeitenden Maxillar-
borsten.

c) **Thorax** (Abb. 4). Von den drei Brustsegmenten, deren jedes ein
Beinpaar trägt, ist der Prothorax am kleinsten, und das ungegliederte
Pronotum schließt sich eng an das Hinterhaupt an. Dagegen nimmt
das Mesonotum, der dorsale Teil des Mesothorax, in den die kräftigen

Vorderflügel eingelenkt sind, einen bedeutenden Raum ein. Entsprechend den zahlreichen, dorsoventral verlaufenden Flügelmuskeln besteht das Mesonotum aus drei Teilen (Praescutum, Scutum und Scutellum), und auch das Mesosternum ist aus mehreren Skelettplatten zusammengesetzt. Die als Reste der Subcoxa aufgefaßten seitlich gelegenen Sclerite, Episternum und Epimerum, verbinden die dorsalen und ventralen Teile. An ihrer Berührungsstelle mit dem Scutum liegt das Flügelgelenk. Der Metathorax ist wenig übersichtlich, da offenbar das 1. Abdominalsegment mit ihm verwachsen ist (WITLACZIL a. a. O.). Die entsprechend der starken Sprungmuskulatur der Hinterbeine sehr vergrößerten Coxen sind ebenfalls in den Metathorax eingeschmolzen. Das Praescutum ist nicht sicher nachweisbar, dagegen sind Scutum und Scutellum vorhanden. Das von BRITTAIN (1923, Tafel II) als Postscutellum bezeichnete Skelettstück enthält möglicherweise schon Teile des 1. Abdominalsegments. Zwischen Episternum und Scutum befindet sich die Ansatzstelle der Hinterflügel. Die Coxen des 3. Beinpaares sind auf der Ventralseite in je einen dornartigen, rückwärts gerichteten Fortsatz verlängert. Der abwärts verlaufende Hinterrand des Scutellum ist bei beiden Geschlechtern sowohl im Meso- wie im Metathorax stark quer gerieft und dürfte dazu dienen, ein Abgleiten der Flügel in der Ruhehaltung zu verhindern [1].

d) Beine (Abb. 5). Die Beine bestehen aus Coxa, Trochanter, Femur, Tibia und aus einem zweigliedrigen Tarsus. Ihre absoluten und relativen Abmessungen sind aus den Figuren zu entnehmen. Bei den zwei vorderen Beinpaaren ist die Coxa nur mit einem äußeren Condylus an den subcoxalen (= pleuralen) Platten eingelenkt und daher sehr frei beweglich, während die vergrößerten Coxen des 3. Beinpaares fest in den Metathorax eingeschmolzen sind. Mit den Coxen III stehen sehr starke endoskeletale Chitinspangen in Verbindung, die der Sprungmuskulatur zum Ansatz dienen. Der Trochanter bietet keine besonderen Eigentümlichkeiten; er ist am 3. Beinpaar naturgemäß am kräftigsten, da die Sprungmuskulatur an ihm ansetzt. Dagegen ist der Schenkel (Femur) des 1. Beinpaares, das die Klammerbewegung durch Beugen der Tibia auszuführen hat, am kräftigsten. Bedeutend länger freilich ist der Schenkel des 3. Beinpaares. Die Tibia ist im 1. und 2. Beinpaar etwa von gleichen Abmessungen, dagegen ist auch sie im 3. Beinpaar kräftiger und länger. Überdies besitzt die Tibia III an der Außenseite ihres proximalen Endes einen Höcker, der ein Überstrecken des Kniegelenkes beim Sprunge verhindert. An der Innenfläche des distalen Endes von Tibia III findet sich eine Anzahl kammartig angeordneter

---

[1] Ich muß auch an dieser Stelle auf die Arbeit von WEBER (1929) verweisen, der die Morphologie des larvalen und imaginalen Thorax ausführlich behandelt.

kurzer aber kräftiger Dornen, von denen die äußeren dunkel chitinisiert sind und die offenbar zum Abstoßen von der Unterlage dienen. Dies hat bereits FLOR (1861) beobachtet. Schwache Andeutungen eines Borstenkammes finden sich auch an den Tibien der vorderen Beinpaare. Ebenso besitzt auch das 1. Tarsalglied vom 3. Beinpaar einen kräftigen kurzen Dorn. Am äußeren Tarsalglied sämtlicher Beine sieht man außer

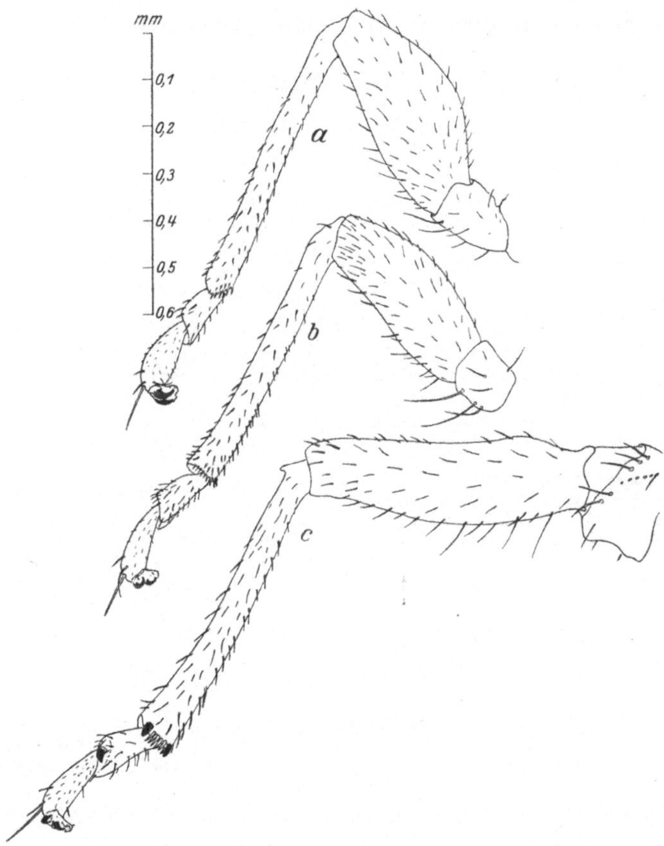

Abb. 5. Beine der rechten Körperseite eines Männchens. Vorderansicht.
a Vorderbein; b Mittelbein; c Hinterbein.

den beiden Krallen und dem Haftlappen mehrere längere Borsten, die offenbar zum Tasten dienen. Namentlich eine auf der äußersten Fußspitze sämtlicher Beine befindliche Borste dürfte Erschütterungen der Unterlage dem Tiere mitteilen.

Zum Sprunge kontrahiert der Apfelsauger plötzlich die Streckmuskulatur in Subcoxa und Coxa sowie im Femur des 3. Beinpaares und streckt damit das ganze Bein.

e) Flügel (Abb. 6). Die etwa 3 mm langen Vorder- und 2,2 mm langen Hinterflügel haben die bekannte Psyllidenaderung. In der Bezeichnung der Adern folge ich Börner (1910). Für eingehendere Studien ist auch die Arbeit von Patch (1909) wichtig. Die gemeinsame Basis von Radius, Media und Cubitus trägt auf ihrer Unterseite eine starke aber unregelmäßig rauhe Skulpturierung. Ähnlich — aber schwächer — ist die Unterseite der entsprechenden Ader im Hinterflügel ausgebildet. Diese rauhen Adern sollen anscheinend ein Abgleiten der Flügel aus der

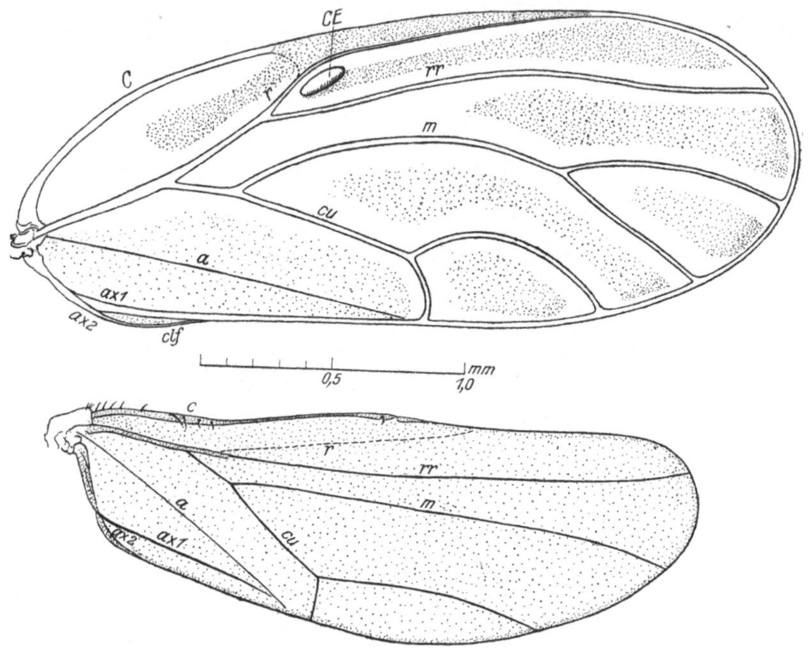

Abb. 6. Vorder- und Hinterflügel. Die Börstchenfelder zwischen den Adern sind punktiert. *c* Costa; *r* Radius (im Hinterflügel nur eine Falte); *rr* Radialramus; *m* Media; *cu* Cubitus; *a* Analis; ax_1 und ax_2 Axillaris 1 und 2; *clf* Clavusfalte; *CE* Ei einer parasitischen Cecidomyide.

dachförmigen Ruhestellung verhindern (s. S. 16). Am Vorderrande des Hinterflügels stehen $1 + 4$ aufwärts gekrümmte Chitinhäkchen, die beim Flug eine feste Verbindung von Vorder- und Hinterflügel bewirken. Die Flügelmuskulatur ist von Witlaczil (1885, S. 579—580, Tafel XX, Fig. 9) beschrieben worden. Sie bietet keine wichtigen Besonderheiten und besteht wie bei allen fliegenden Insekten aus horizontal und vertikal verlaufenden Bündeln. Der Flug, der sich anscheinend regelmäßig an einen Sprung anschließt, ist schwirrend und nicht sehr energisch.

f) Abdomen (Abb. 4). Nach Heymons (1899, S. 418—432) besteht das Abdomen der Homopteren aus elf Segmenten. Bei *Psylla mali* sind im männlichen Geschlecht nur sechs tergale und sechs ventrale, im weiblichen Geschlecht sechs tergale und vier ventrale Segmentplatten zu sehen. Obwohl sich eine ganze Anzahl von Autoren mit der Gliederung des Psyllidenabdomens beschäftigt hat (LOEW, 1878; WITLACZIL, 1885; HEYMONS, 1899; STOUGH, 1910; CRAWFORD, 1914; ŠULC, 1910; BRITTAIN, 1923; MINKIEWICZ, 1924), ist die Frage noch nicht endgültig geklärt. Man darf wohl annehmen, daß Tergit 1 und Sternit 1 und 2 eng mit dem Metathorax verwachsen sind, während die letzten Segmente (von 9 an) im Genitalapparat zu suchen sind (s. u.).

Sowohl der Verdauungskanal wie die Geschlechtsorgane sind bei ♀ und ♂ von starken zunächst grünlichen, später gelblichen Fettpolstern umgeben, die offenbar nicht nur als Energiequellen dienen, sondern auch dank ihres Gehaltes an löslichen Eiweißverbindungen zur Ausbildung der Geschlechtszellen beitragen. Wie weit die Fettzellen der Psyllidenimagines als Exkretionsorgane tätig sind, ist meines Wissens nicht untersucht.

Mit den Fettzellen dürfen die braunen Zellmassen des sogenannten Pseudovittellus nicht verwechselt werden, den WITLACZIL (1885) für einen Ersatz der degenerierten Vasa malpighii hält, während ŠULC (1910)[1] und BUCHNER (1912) ihn als Träger von pilzlichen Symbionten ansehen. Neuere Untersuchungen für *Psylla mali* fehlen, auch BRITTAIN (1923) erwähnt den Pseudovittellus nur ganz kurz. Daß die Symbionten vom Ovarialepithel aus in die Eierstockseier hineinwachsen und sich in ihnen als „sekundärer Dotter" (METSCHNIKOFF, 1866, S. 474—477) weiter entwickeln, dürfte für *Psylla mali* ebenso wie für die übrigen Homopteren zutreffen. Die Funktion des Pseudovitellus ist im einzelnen noch ganz ungeklärt.

g) Verdauungskanal (Abb. 7). Von der Mundhöhle aus, in die am Hypopharynx zwei im Prothorax gelegene Speicheldrüsen münden, geht der kurze Pharynx in den Oesophagus über, der auf geradem Wege durch den Thorax zieht, um sich erst im Abdomen zum Mitteldarm zu erweitern. Nach kurzem kaudal gerichteten Lauf biegt der Mitteldarm wieder in einer Schleife nach vorne und kreuzt seinen Anfangsteil. Dadurch, daß während der Ontogenese die Schleife um den Kreuzungspunkt rotiert, entsteht an dieser Stelle eine dicht gewundene Spirale, von der das Rectum seinen Ausgang nimmt. Diese Darmschlinge war bereits L. DUFOUR (1833, S. 234) bekannt, WITLACZIL (1885, S. 604) gab die Erklärung für ihre Entstehung. Vier kurze malpighische Gefäße, deren jedes in einen Terminalfaden endet, entspringen einzeln am Mitteldarm. Der After der Psylliden wurde zuerst von LÖW (1876)

---

[1] ŠULC, K.: Pseudovittellus und ähnliche Gewebe der Homopteren sind Wohnstätten symbiontischer Saccharomyceten. Sitzgsber. Kgl. Böhm. Ges. d. Wiss. Prag 1910.

richtig erkannt; er mündet beim ♀ auf dem 10. Tergit, beim ♂ auf der sogenannten Analplatte (Abb. 4, 8 u. 10). Nur beim ♀ ist ähnlich wie bei den Larven (s. u.) der After von einem Kranz von Wachsdrüsenplatten umgeben. Wenngleich die Wachssekretion spärlich ist, kann man dennoch zumeist die schmale helle Wachsumrahmung des Afters leicht erkennen.

Die einzelligen Wachsdrüsen sind als umgewandelte Hypodermiszellen aufzufassen (WITLACZIL, a. a. O. S. 582; BERLESE, 1909, S. 497).

h) Respirationssystem. Nach WITLACZIL (a. a. O.) ist das Respirationssystem der Psylliden nicht mehr untersucht worden. Nur die Zahl und Lage der Stigmen wurde verschiedentlich erörtert (BRITTAIN, a. a. O.; MINKIEWICZ,

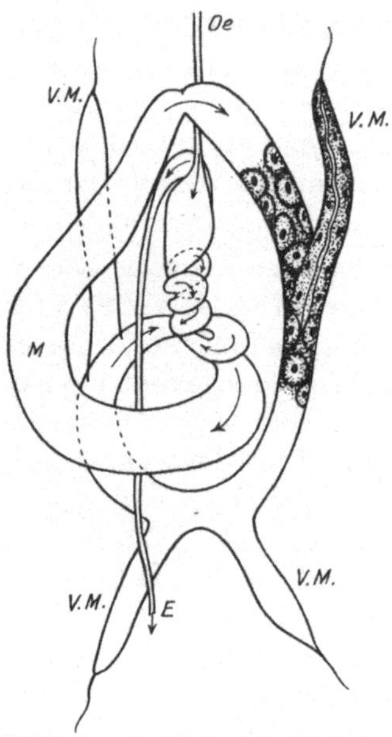

Abb. 7. Darmkanal eines erwachsenen Apfelsaugers. *Oe* Oesophagus; *M* Mitteldarm; *E* Enddarm; *V.M* Malpighische Gefäße. (Nach BRITTAIN, 1923, Taf. V, Fig. 1.)

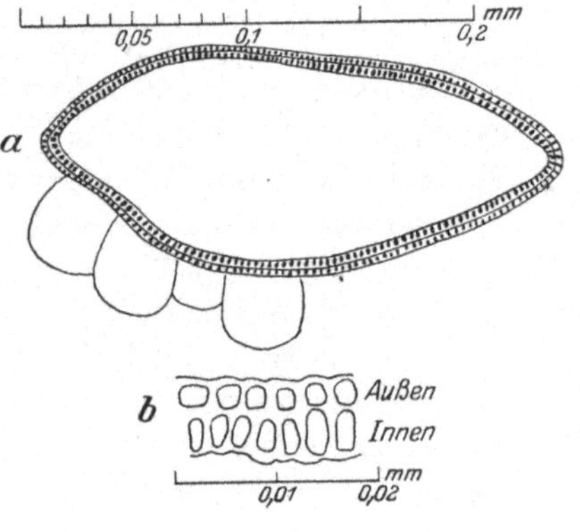

Abb. 8. *a* Analring eines Weibchens. Doppelter Ring von Wachsporen. Vier Wachsdrüsenpakete angedeutet. *b* Teil des Analringes stärker vergrößert.

1924). MAMMEN (1912), der die Morphologie von Homopterenstigmen studierte, hat Psylliden zu seinen Untersuchungen nicht herangezogen. Auf einem kleinen, zwischen Pro- und Mesothorax eingeschalteten Sklerit liegt das 1. thorakale Stigma; das etwas größere 2. findet sich auf der als Episternum III aufgefaßten Chitinplatte. Während beide thorakalen Stigmen von feinen Dornen eingefaßt werden, sind die sieben Abdominalstigmen glattrandig. Die beiden ersten liegen in der Verbindung zwischen Abdomen und Metathorax; sie sind ebenso wie das 3. recht klein und unscheinbar. Das 4. bildet den Übergang zu den doppelt so großen Stigmen 5—7 (vgl. Abb. 4). HANDLIRSCH (1899) vertritt die Ansicht, daß nicht nur die Heteropteren sondern auch die

Homopteren zehn Stigmenpaare besitzen. Ich fand bei *Psylla mali* noch vor dem ersten abdominalen Stigma eine durch die Cuticula nur schwach durchschimmernde dunkle Tracheenanastomose (auf Abb. 4 durch ✕ bezeichnet), in der wir vielleicht ein rückgebildetes Stigma erkennen dürfen.

i) Nervensystem. WITLACZIL (a. a. O. S. 589—602) hat eine genaue Beschreibung des Nervensystems der Psylliden gegeben. Sowohl die thorakalen wie die abdominalen Ganglien sind stark reduziert, so daß man außer dem Gehirn und dem Unterschlundganglion nur noch einen großen Nervenknoten im Thorax findet, von dem aus sowohl der Thorax mit den Extremitäten wie das Abdomen und seine Organe mit Nerven versorgt werden.

k) Zirkulationssystem. Bisher hat nur WITLACZIL (a. a. O. S. 607 bis 608) den Blutkreislauf der Psylliden untersucht. Er fand, daß sich

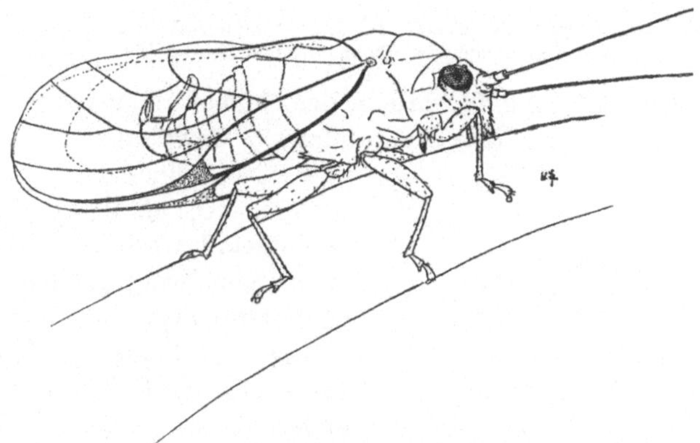

Abb. 9. Männchen in Seitenansicht.

das Herz vom 7. bis 2. Abdominalsegment erstreckt und dann in die Aorta übergeht, die in größerer Tiefe des Thorax nach vorne durchläuft.

l) Sexualorgane. 1. Männchen (Abb. 9—14). Die äußeren Sexualorgane der männlichen Psylliden wurden zuerst von CURTIS (1835) kurz beschrieben, später von FLOR (1861), PUTON (1871 und 1873), LÖW (1876) und anderen zu systematischen Zwecken benutzt. Neuerdings hat BRITTAIN (1923) den Apfelblattsauger sehr eingehend studiert und die Geschlechtsorgane von ♀ und ♂ beschrieben, während MINKIEWICZ (1924) nur die äußeren weiblichen Organe erklärt hat (s. u.).

Die ventrale Genitalplatte ist als Sternit des 9. Abdominalsegmentes aufzufassen; das zugehörige Tergit fehlt. Löw (1876) gab eine treffende Beschreibung von der trogförmigen Gestalt dieses Sternites, das von FLOR (1861) als „Genitalsegment", von STOUGH (1910) als „subgenital plate" und von CRAWFORD (1914) als „ventral genital

valve" bezeichnet wurde. Am Vorderrand der Subgenitalplatte ist mit
zwei Gelenkhöckern die dorsale Genitalplatte beweglich befestigt

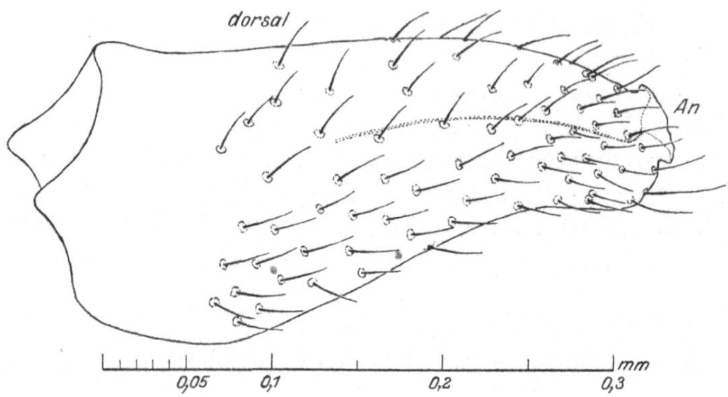

Abb. 10. Männchen. Analklappe. Das in den After (*An*) einmündende Rectum ist angedeutet.
Die Ventralseite der-Analklappe ist dünnhäutig und teilweise ausstülpbar.

(Abb. 10). CRAWFORD (a. a. O.) gab ihr den Namen „anal-valve", FLOR
(a. a. O.) nannte sie „männliche Genitalplatte". Gewöhnlich steht dieser
konische Zapfen, der von BRIT-
TAIN (a. a. O.) als 10. und 11. Tergit aufgefaßt wird, senkrecht nach
oben. Seine ventrale (rückwärts
gerichtete) Fläche ist sehr dünnhäutig und kann je nach dem
Blutdruck ihre Gestalt etwas ver-
ändern. Dies dürfte bei der Copula von Bedeutung sein. Auf
seiner Spitze liegt der krater-
förmige Anus, dessen Umgebung
frei von Wachsdrüsen ist. Am
Hinterrande der ventralen Genitalplatte erheben sich die beiden
Parameren (Abb. 11), die mit
zahlreichen Sinneshaaren besetzt
sind, und deren Spitzen aus
dunklem, harten Chitin bestehen.
BRITTAIN (a. a. O.) hat darauf
hingewiesen, daß die Parameren

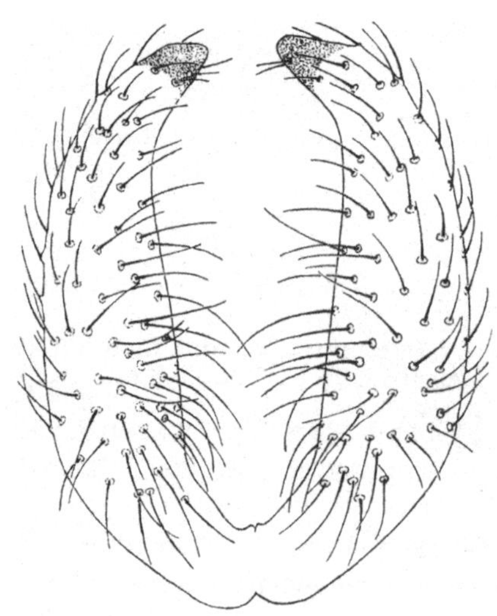

Abb. 11. Männchen. Hinteransicht der aufrecht
stehenden Parameren. Vergrößerung wie Abb. 9.

nicht eigentlich von der Subgenitalplatte ausgehen, sondern von einem in
ihrer Höhlung gelegenen Sklerit, das dem bei Cicadelliden und Mem-
braciden gefundenen „connective" homolog sein soll. Zwischen den
Parameren und der dorsalen Genitalplatte sieht man den zuerst von

DE GEER (1780) richtig erkannten, in der Ruhe pinzettenförmig ein-
geknickten Penis, dessen Basis mit dem Vorderrande der ventralen
Genitalplatte gelen-
kig verbunden ist
(Abb. 12).

Die inneren
männlichen Ge-
schlechtsorgane
(Abb. 13) bestehen
aus den vier paar-
weise vereinigten
Hoden; von jedem
Paar führt ein Vas
deferens zur Vesi-
cula seminalis, die

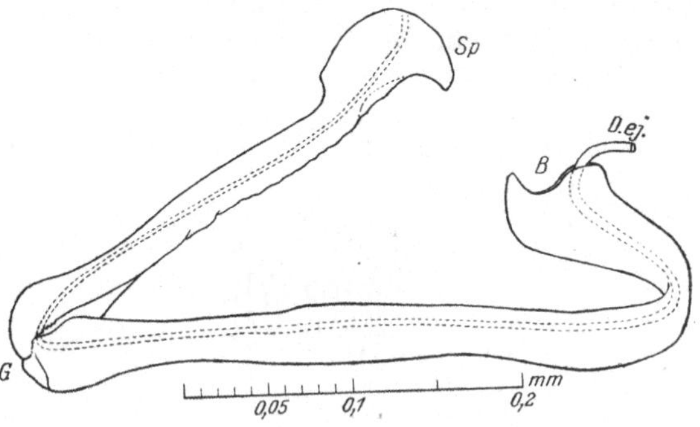

Abb. 12. Penis. Rechte Seitenansicht. *B* Basis; *G* Gelenk;
Sp Penisspitze.

ihrerseits in eine große akzessorische Drüse einmündet. Die zunächst in
mehrere Fächer eingeteilten Hoden enthalten in ihrer Spitze Sperma-

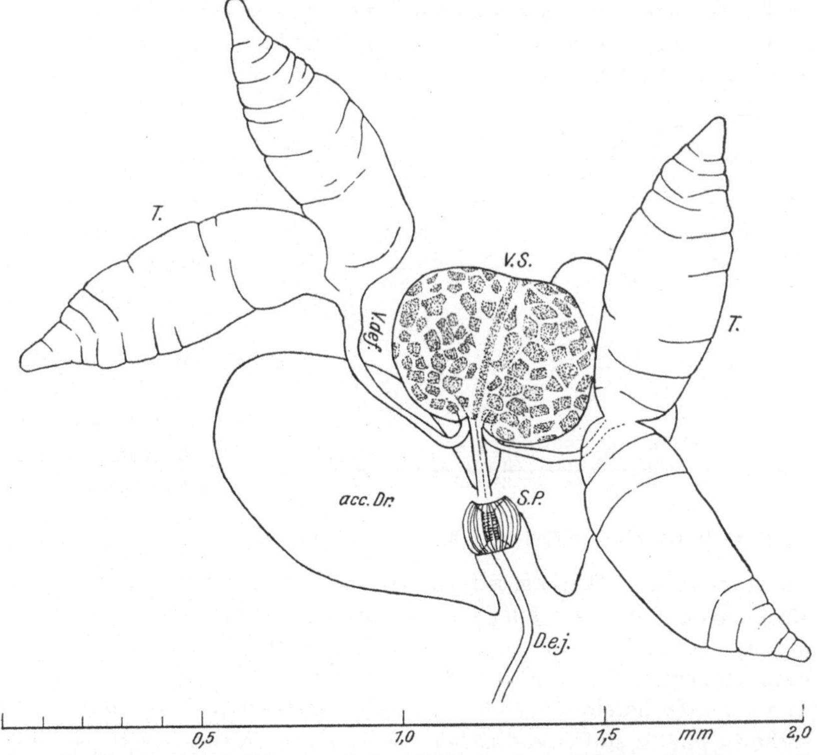

Abb. 13. Geschlechtsorgane des Männchens in der 2. Hälfte des Juni. *T* Hoden; *V.def* Samengang;
V.S Samenblase; *acc.Dr* Nebendrüsen; *S.P* Samenpumpe; *D.ej* Spritzkanal.

togonien, in ihrer Basis reife Spermien, während in der Mitte alle Entwicklungsstufen zu finden sind. Später, im Laufe des Sommers und Herbstes sind die ganzen ständig kleiner werdenden Hoden ebenso wie die stets prall bleibende Vesicula seminalis von reifem Sperma erfüllt.

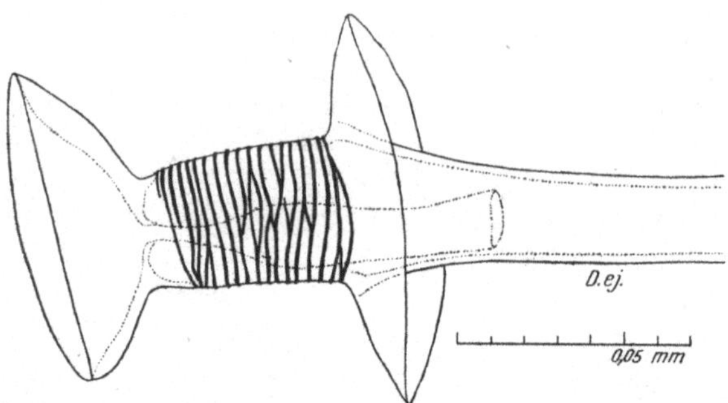

Abb. 14. Samenpumpe. Durch Vorbehandlung mit Kalilauge sind die zwischen den kalottenartigen Endmenbranen ausgespannten Längsmuskeln (vgl. Abb. 13) zerstört. Ein Zurückfließen des Samens wird durch die dünnhäutige Reuse verhindert, die weit in das Lumen der Samenpumpe hineinhängt. *D.ej* Ductus ejaculatorius.

Daß die Vesicula seminalis aus zwei ursprünglich selbständigen Blasen nur äußerlich verschmolzen ist, läßt sich schon an ihrer Oberflächenstruktur, noch sicherer an gefärbten Totalpräparaten erkennen. Auch ihr Ausführungsgang, der zur akzessorischen Drüse führt, ist doppelt. Die deutlich zweizipflige, also ebenfalls aus zwei ursprünglich selbständigen Organen entstandene, akzessorische Drüse geht ohne besonderen Ausführungsgang unmittelbar in den Ductus ejaculatorius über, der sich

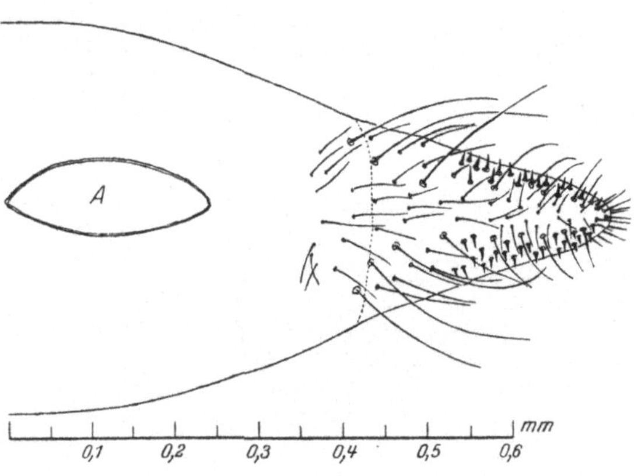

Abb. 15. Hinterleibsspitze des Weibchens. Rückenansicht. *A* After.

gleich in seinem Anfangsteil zu der zwirnrollenartigen, mit kräftiger Muskulatur und einem Klappensystem ausgerüsteten Samenpumpe erweitert (Abb. 14). Der Rückstau des Spermas bei Kontraktion der Pumpenmuskulatur wird durch einen reusenartig in das Lumen der Samenpumpe hereinhängenden dünnhäutigen Schlauch verhindert. Der verhältnismäßig starkwandige Ductus ejaculatorius durchläuft schließlich den ganzen Penis von seiner hakenförmigen Basis an bis zur Spitze.

2. Weibchen (Abb. 4 u. 15—18). Die eingehendste Erklärung der äußeren weiblichen Geschlechtsorgane stammt von Minkiewicz (a. a. O.), nachdem bereits Brittain (a. a. O.) durch klare Abbildungen und Beschreibung sehr viel zum Verständnis des komplizierten Ovipositors beigetragen hat. Leider sind die von Minkiewicz gegebenen Abbildungen recht unübersichtlich.

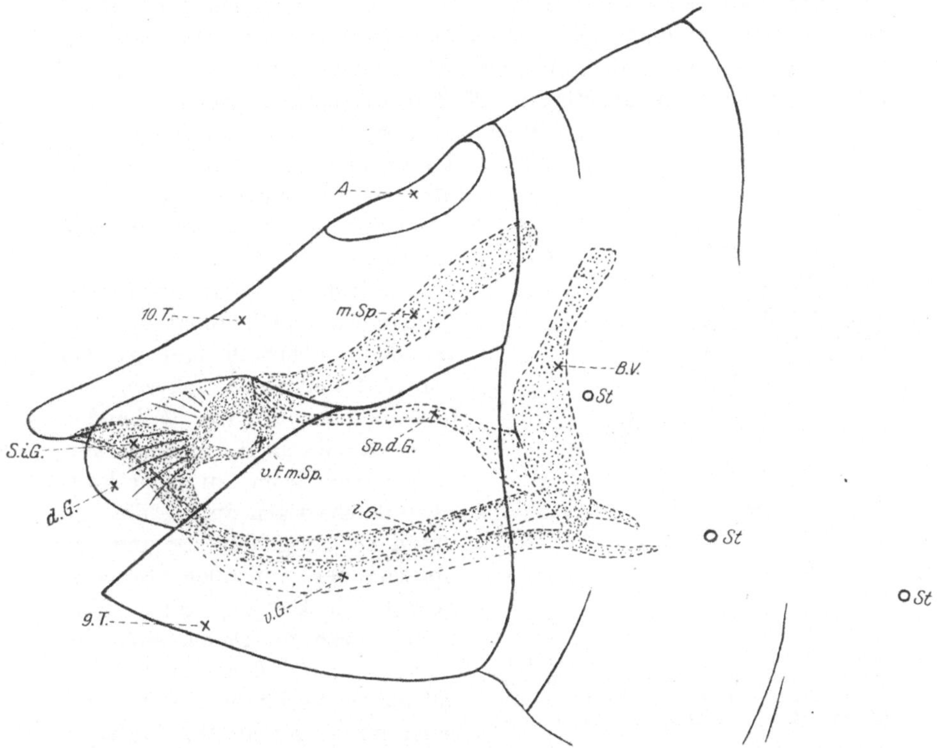

Abb. 16. Weibliche Abdomenspitze, rechte Seitenansicht. Nach einem aufgehellten Kalilaugepräparat. Die inneren Teile der rechten Körperhälfte sind punktiert gezeichnet, diejenigen der linken Körperhälfte zum besseren Verständnis fortgelassen. *A* After; *10. T* 10. Tergit; *S.i.G* Spitzen der inneren Gonapophyse; *d.G* dorsale Gonapophyse; *m.Sp* mediane Spange; *v.F.m.Sp* ventraler Fortsatz der medianen Spange; *Sp.d.G* Spange der dorsalen Gonapophyse; *i.G* innere Gonapophyse; *B.V* „basivalvulae" (Brittain); *v.G* ventrale Gonapophyse; *9.T* 9. Tergit; *St* Stigma.

Der eigentliche Ovipositor ist fast vollständig verborgen zwischen der dorsal gelegenen Analplatte, die nach Brittain aus dem 10. Tergit gebildet ist, und einer ventral gelegenen Platte, die als das 9. Tergit[1] aufgefaßt wird. Beide Tergite umfassen scheidenartig den Ovipositor. Die Analplatte (Abb. 15) ist in ihrem hinteren Drittel stärker chitinisiert

---

[1] Bei der Reduktion von Segmenten schwinden nach Heymons (1899, S. 537 bis 556) zuerst die Sternite, so daß gelegentlich auch ventral gelegene Teile tergale Bildungen sind.

und trägt dort außer zahlreichen Tastborsten jederseits einen drei-
reihigen Kamm kurzer aber kräftiger Dornen. Ihr oraler Teil, in dem
der Anus liegt, ist nur spärlich mit Borsten versehen. Das ebenfalls
mit Borsten besetzte 9. Tergit ähnelt der unteren Hälfte eines Vogel-
schnabels.

Werden die dorsale und ventrale Platte (9. und 10. Tergit) abpräpariert,
so können die einzelnen Teile des Ovipositors erkannt werden — besonders
wenn eine Behandlung in Kalilauge vorausgegangen ist (Abb. 16). Die
ventralen Gonapophysen („ventral valvulae", BRITTAIN) sind zwei
schmale und seitlich abgeflachte Platten, die kaudalwärts in leichtem
Bogen nach oben ziehen und in nadelfeine Spitzen auslaufen. Kurz vor

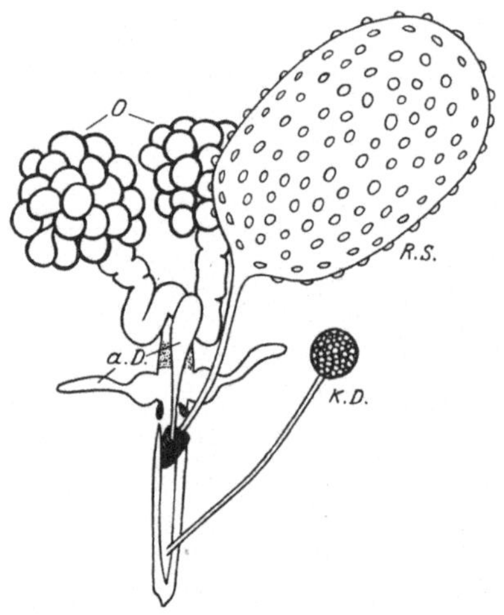

Abb. 17. Innere Geschlechtsorgane eines noch
unreifen Weibchens. *O* Ovarium; *R.S* Receptaculum seminis, *a.D* akzessorische Drüsen, *K.D*
Kittdrüse. (Nach BRITTAIN, 1923, Taf. VI, Fig. 3.)

ihrer oralen Basis erheben sich die
als „basivalvulae" (BRITTAIN)
bezeichneten kräftigen Chitinspangen.

Die inneren Gonapophysen
(„inner valvulae", BRITTAIN) lau-
fen dicht oberhalb und parallel
der ventralen Gonapophysen, mit
denen sie durch Falze verbunden
sind. An ihrem Kaudalende vereinigen sich beide zu einer kräftigen dolchartigen Spitze, die von
unten her ausgehöhlt ist und den
Spitzen der ventralen Gonapophysen zur Führung dient. Der
eben erwähnte Dolch steht an
seiner hinteren dorsalen Ecke in
gelenkiger Verbindung mit einem
nach unten gerichteten kräftigen
Zahn des unpaaren dorsoventral abgeflachten Chitinstabes, der den
ganzen Ovipositor von oben her deckt und der von BRITTAIN als „median
dorsal process" bezeichnet wird.

Die dorsalen Gonapophysen („dorsal valvulae", BRITTAIN) bestehen aus zwei flügelartigen Platten, deren schmale orale Basis jederseits unmittelbar innerhalb der „basivalvulae" liegt. Die kaudalen
„Flügel" biegen von dem Punkte an, wo sie mittels einer kräftigen,
dunkel chitinisierten Versteifung am Hinterende des „median dorsal
process" angelenkt sind, aus der Ebene ihres bisherigen Verlaufes nach
außen, so daß sie ohne Präparation schon bei Lupenvergrößerung sichtbar sind.

Die Funktion der einzelnen Teile des Ovipositors ist etwa folgendermaßen zu denken: Nachdem das ♀ mittels seiner an Fühlern und Anal-

plattenspitze befindlichen Sinnesorgane einen für die Eiablage geeigneten
Platz gefunden hat, setzt es — soweit dies nicht schon beim Suchen geschehen ist — die rechtwinklig zur Unterlage umgebogene Abdominal-
spitze auf den Zweig auf. Dadurch, daß nun die inneren Gonapophysen
gleichzeitig mit den unteren Gonapophysen durch Muskelzug zurück-
gezogen werden, biegt die Spitze des Dolches nach vorne um, und seine —
ursprünglich nach oben gerichtete — scharfe Kante kann die Rinde des
Zweiges anschneiden. Werden nunmehr die ventralen Gonapophysen
vorgestoßen, so verlassen ihre nadelförmigen Spitzen die auf der Ventralseite des Dolches befindliche Rinne und stechen noch tiefer in den Zweig

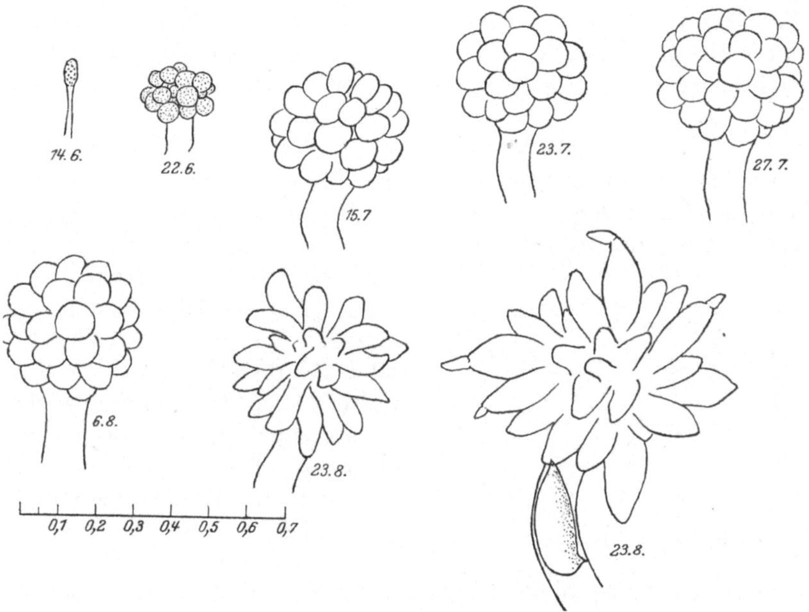

Abb. 18. Entwicklung der Ovarien.

ein. Durch diese sägende und stechende Tätigkeit der drei Spitzen entsteht das feine Loch, in das der kaudale Fortsatz des Eies eingeführt
und in dem er durch die Elastizität der Rinde eingeklemmt wird. Die
anscheinend durch erhöhten Blutdruck schwellbaren Flügel der dorsalen Gonapophysen dienen möglicherweise zur seitlichen Führung des
Eies. Vor allem dürften sie bei der Begattung in Funktion treten.

Die inneren weiblichen Genitalorgane (BRITTAIN, 1923,
Plat. VI, Abb. 1 und 3) bestehen aus den beiden traubenförmigen
Ovarien, dem paarigen Ovidukt, einem umfangreichen Receptaculum
seminis und mehreren Anhangsdrüsen (Abb. 17). Über das Wachstum
der Ovarien im Laufe des Sommers gibt Abb. 18 Aufschluß. Kurz

nach Beendigung der Metamorphose setzt ein äußerst starkes Wachstum der Ovarien ein, das Mitte Juli beendet ist. Von Mitte Juni bis Mitte Juli vergrößert sich der Inhalt jedes Ovars etwa um das 630fache! Die in der 2. Augusthälfte beginnende Streckung der bis dahin kurzen Ovarschläuche setzt dann zunächst ohne Massenzuwachs ein. Erst mit dem schnell beginnenden Heranreifen der Eier ist eine weitere erhebliche Volumenzunahme verbunden. Die beiden Ovidukte vereinigen sich zu einem kurzen unpaaren Stück, das unmittelbar in die Vagina übergeht. In die Vagina mündet außer zwei kurzen schlauchförmigen Anhangsdrüsen und dem Receptaculum seminis der lange Ausführungsgang einer kugelförmigen kleinen Drüse („cement gland" Brittain), deren Sekret möglicherweise ein festeres Haften der Eier am Zweig verursacht. Die Samenpumpe befindet sich dort, wo der Ausführungsgang des Receptaculum seminis in die Vagina einmündet.

B. Das Ei (Abb. 19—22).

Die Eier sind etwa 0,4 mm lang und 0,16 mm breit (Abb. 19). Der stumpfere Pol, in dem sich der hintere Körperabschnitt des Embryos bildet, verläßt die weiblichen Geschlechtswege zuerst. Der spitzere

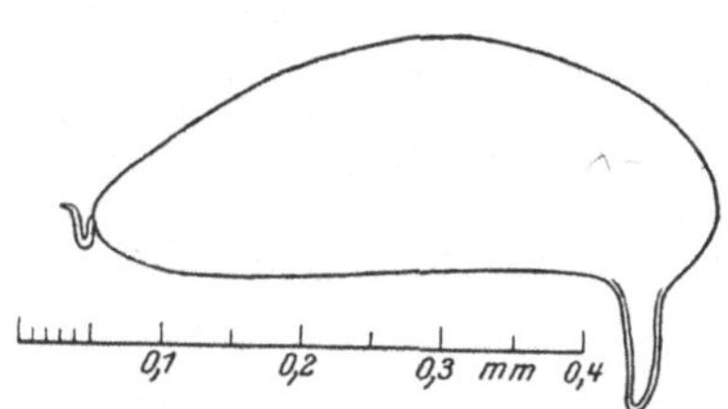

Abb. 19. Legereifes Ei aus dem Ovidukt eines Apfelsaugers. (5. September 1925.)

orale Pol endet in einen kurzen aus solidem Chitin bestehenden Terminalfaden. Nicht weit vom aboralen Pol findet sich auf der Ventralseite des Eies ebenfalls eine Ausstülpung, die aber wesentlich kräftiger gebaut ist und zur Verankerung des Eies in der Rinde der Apfelzweige dient. Wie auf Schnittbildern leicht erkannt werden kann, ist dieser hohle Fortsatz an seinem Ende vollkommen geschlossen. Die Schale ist dort sogar besonders kräftig, ohne eine Spur von Porenbildung. Andererseits ist im übrigen die Eischale sehr eigenartig skulpturiert und von zahlreichen Poren durchsetzt. Ob freilich die Porenkanäle vollständig die äußere Eischale durchbohren, konnte nicht sicher festgestellt werden. Über der Grundfläche der Schale mit den Porenlöchern erhebt sich ein aus etwa 0,005 mm hohen Leisten bestehendes Netzwerk (Abb. 20 und 21).

Die Farbe der frisch abgelegten Eier ist elfenbeinweiß. Während unbefruchtete Eier diese Farbtönung bis in das Frühjahr hinein behalten und dann schließlich eintrocknen, werden die befruchteten Eier bereits im Oktober dunkelorangegelb, später fast rotbraun.

Bei Schnittbildern oder durchsichtigen Totalpräparaten von jungen Eiern findet man den verhältnismäßig großen, kugelförmigen Pseudo-

vitellus in der Nähe des aboralen Poles (vgl. WITLACZIL, a. a. O. Taf. XXII,
Abb. 62 u. 63). Einige Zeit vor dem Ausschlüpfen der Larven im Frühjahr erhält der orale Eipol einige dunkle Stellen, die gewöhnlich für die
durchschimmernden Augen des Em-
bryos gehalten werden. AWATI (a. a.
O.) stellte als erster fest, daß es sich
um Embryonalorgane handelt, die

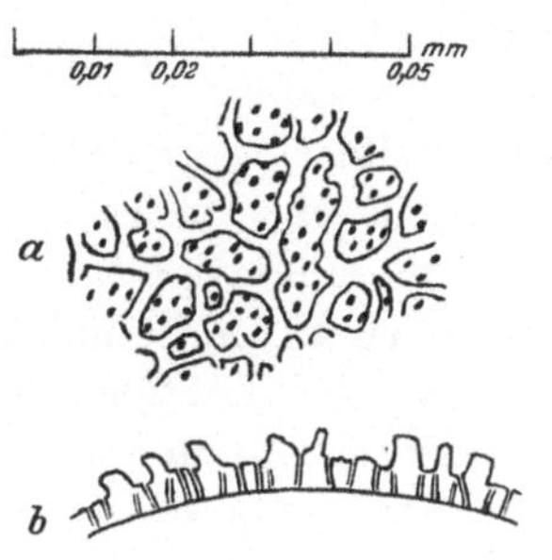

Abb. 20. Eischale. *a* Oberflächenansicht;
b Querschnitt.

Abb. 21. Eischale. Perspektivisches Bild der
wabenförmigen Oberfläche.

zum Zerreißen der Eischale dienen. Wenn auch seine Angaben im einzelnen
fehlerhaft sind, so ist seine Erklärung doch grundsätzlich richtig. Bereits
1 Jahr später hat LEES (1916) die ganzen Verhältnisse sehr eingehend

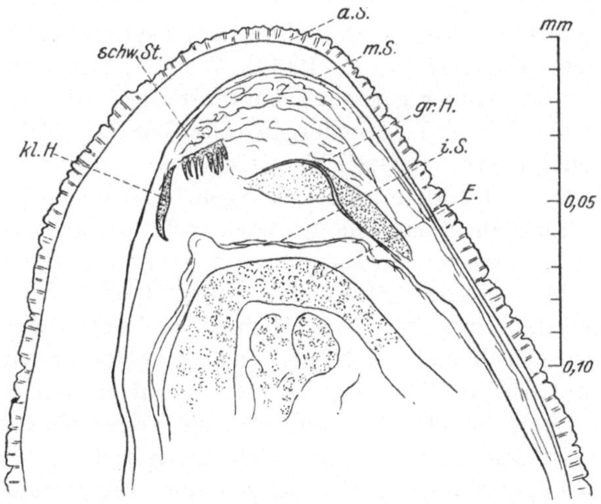

Abb. 22. Schnitt durch den oralen Pol eines Apfelsaugereies etwa 3 Wochen vor dem Ausschlüpfen der Larve. *gr. H* großer gelber Chitinhöcker; *kl. H* kleiner gelber Chitinhöcker; *schw. St*
schwache Stelle der inneren Membran mit radialgestellten Chitinleisten; *ä. S* äußere Schalenhaut;
m. S mittlere Membran; *i. S* innere Membran; *E* Embryo.

geklärt. LEES legte Apfelzweige einige Tage in 10 proz. kalte Sodalösung,
wonach sich die Eier leicht und unverletzt aus der Rinde loslösten.
Durch vorsichtige Behandlung der Eier mit einer Mischung (1:1) von
konzentrierter Chlorkalklösung und 10 proz. Sodalösung zerstörte er die

äußeren Eihüllen und konnte alsdann die inneren Verhältnisse studieren. Ich konnte die Feststellungen von LEES mittels seiner Methode bestätigen (Abb. 22). Auch MINKIEWICZ (a. a. O.) hat sich mit dem Ausschlüpfen aus dem Ei näher beschäftigt. Innerhalb der äußeren Eischale wird der ältere Embryo noch von zwei Membranen, im ganzen also von drei Schutzhüllen umgeben. Die dünne dem Embryo anliegende Membran bildet am oralen Pol auf der Dorsalseite eine große, kräftig chitinisierte Platte aus, auf der Ventralseite eine ebensolche aber erheblich kleinere Platte. Beide Platten tragen eine zahnartige Erhöhung. Zwischen diesen Platten, ziemlich genau im oralen Eipol, befindet sich eine aus radialgestellten chitinisierten Falten bestehende Stelle, die geeignet ist, dem Embryo das Zerreißen der inneren Eihaut zu erleichtern. Andererseits werden die zahntragenden Platten bei Bewegungen des Embryos die mittlere und äußere Umhüllung durchbohren und schließlich aufschneiden. Während wir bei anderen Insekten vielfach sogenannte Eizähne oder Eizersprenger am Kopf der Junglarve finden, schiebt hier der Embryo diese Organe über sich hin, ohne daß sie Teile seines Körpers sind.

C. Die Larven (Abb. 23—29).

a) Allgemeines. Die Verwandlung der Psylliden wird als „hemimetabol" bezeichnet (BÖRNER, 1909). Wir unterscheiden fünf durch Häutungen voneinander getrennte Larvenstadien (Abb. 23). Die Entwicklung verschiedener Imaginalorgane setzt bereits mit der 2. Häutung ein. An den Fühlern, Augen, Flügelanlagen und in der Beingliederung kann man die Fortschritte leicht verfolgen. Gleichwohl ist der Sprung vom V. Stadium zur Imago immer noch recht beträchtlich. Während der Körper der freilebenden Imagines etwa zylindrisch gebaut ist, sind die Larven bis zur abschließenden Häutung dorsoventral abgeplattet, und die Verschmelzung der Coxa III mit dem Metathorax ist auch andeutungsweise noch nicht sichtbar. In den beiden ersten Stadien ist der Kopf mit den drei Thoraxsegmenten zu einem Cephalothorax verschmolzen. Erst im III. Stadium wird die Trennung von Kopf und Prothorax einerseits und Meso- und Metathorax andererseits angebahnt, die man im IV. Stadium sehr deutlich erkennt. Die Trennung von Kopf und Prothorax schließlich erfolgt im V. Stadium. Während bei den Stadien II—V die Körperlänge etwa das Doppelte der Breite beträgt, ist das I. Stadium auffallend lang (vgl. Lebensweise).

Die Färbung[1] der jungen, frisch aus dem Ei geschlüpften Larve ist dunkelorangegelb mit olivgrauen Tergiten; später wird das Gelb heller. Beine und Fühler sind hell-rauchgrau, die punktförmigen Augen

---

[1] MINKIEWICZ (1927) gibt gute farbige Abbildungen der fünf Larvenstadien.

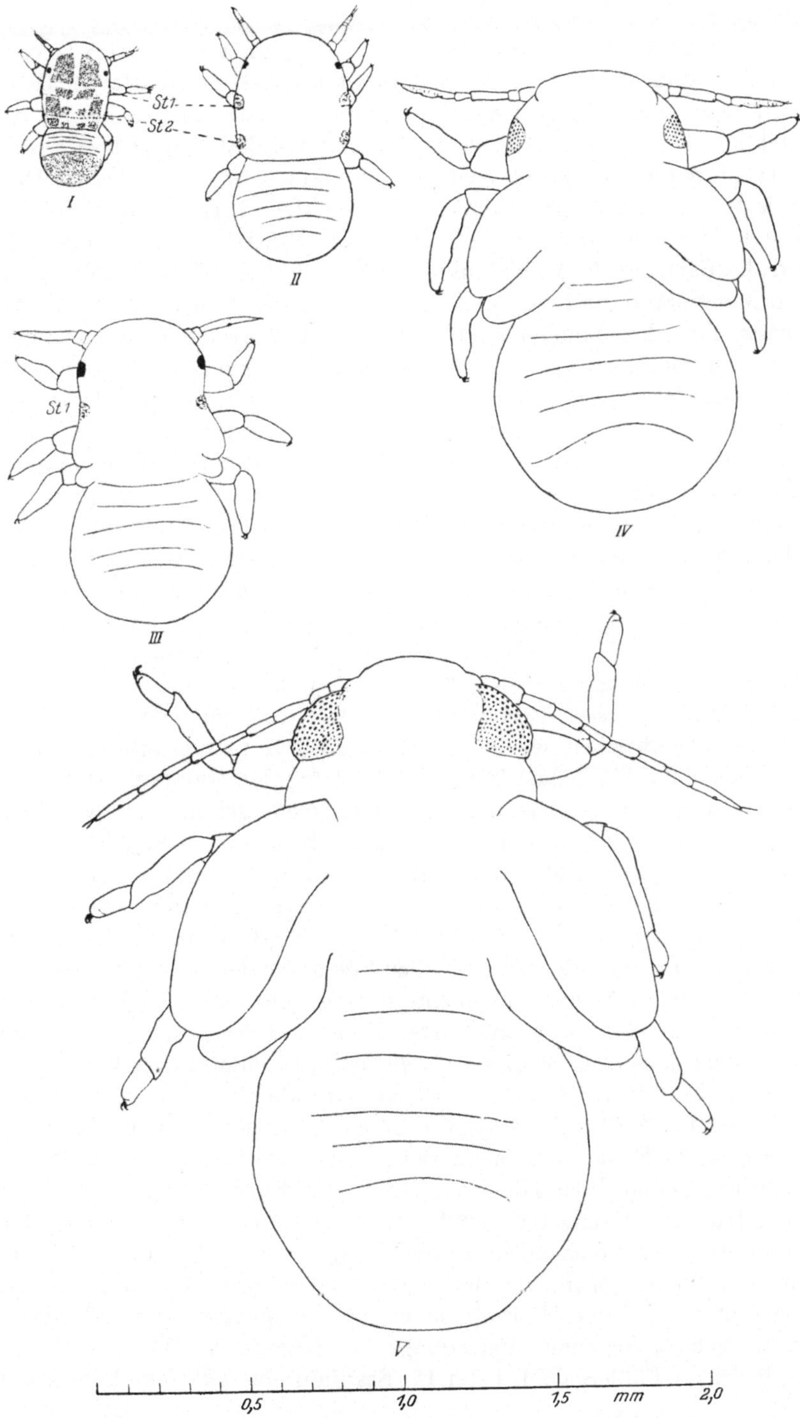

Abb. 23. Larvenstadien I—V bei gleicher Vergrößerung. Nur im I. Stadium sind die Sklerite angedeutet. *St* thorakale Stigmen.

rot. Die vier ersten Abdominalringe sind frei, die übrigen verwachsen. Im II. Stadium finden wir eine schmutzig-blaßgelbe Grundfarbe, Beine und Fühler sind sehr hell rauchgrau, die Augen orange. Die in der Abbildung des I. Stadiums wiedergegebenen Thorakal-Tergite haben auch im II. Stadium ihre Form behalten, sie sind aber viel blasser. Dem Vorderteil des Abdomens fehlen die dunklen Tergite, während die hintere Hälfte leicht angeraucht ist. Am Hinterrand des Abdomens wird die Färbung deutlich dunkler. Die Grundfarbe des III. Stadiums ist fast unverändert; Beine und Fühler sind etwas heller gefärbt als der Körper, nur ihre Spitzen sind grau. Die hell orangefarbenen Augen besitzen je vier große und fünf kleine dunkelrote Facetten. Die äußeren Sklerite des Meso- und Metathorax liegen auf den kleinen Flügelscheiden. Alle Sklerite sind nur wenig dunkler als die Grundfarbe des Körpers. Das Abdomen, in dessen Mitte der gelbe Pseudovitellus durchschimmert, ist in seiner hinteren Hälfte etwas dunkler gefärbt. Das IV. Stadium ist einheitlich fahl-gelbgrün, die Tergite haben ihre dunklere Färbung vollkommen verloren. Die Grundfarbe der Augen ist unverändert, jedoch haben sich die nunmehr dunkelorangen Facetten auf je 16 vermehrt. Die beiden Fühlergrundglieder sowie Coxa, Trochanter und Femur besitzen die allgemeine Körperfärbung, während die übrigen Fühler- und Beinglieder glashell sind. Nur die Krallen sind dunkel. Im V. Stadium, dessen Färbung und Gestalt recht gut von Scott (1885 bis 1886) beschrieben wurde, sind die Larven blaß-grünlichgelb, der Kopf hat einen bläulichen Ton. Die Färbung der vorderen Hälfte und des Hinterrandes des Abdomens ist etwas mehr gelblich als der übrige Körper. Die Flügelanlagen machen bei schwacher milchiger Trübung den Eindruck von halbdurchsichtigem Glas. Während die Beine bis einschließlich des Femurs ähnlich dem Körper gefärbt sind, ist die Tibia mehr glasig, der Tarsus etwas dunkler, die Krallen braun. Die beiden Grundglieder der Fühler sind grünlich, die folgenden glasig, aber bereits vom 2. Geißelgliede an zunehmend stärker gebräunt; die Fühlerspitze schließlich ist braunschwarz. Die Facettenaugen sind milchig mit schwachem violetten Schimmer, der dadurch entsteht, daß die zahlreichen sehr kleinen Facetten in ihrem Grunde dunkel violett sind.

b) Kopf. Wie bei der Imago so findet man auch am Kopf der Larve die Augen, die Fühler und den an der Vorderbrust frei werdenden Rüssel. Die Stirnkegel der Imago dagegen fehlen. Die Entwicklung und Färbung der Netzaugen bei den einzelnen Stadien wurde oben bereits beschrieben. Punktaugen entsprechend denen der Imago fehlen. Die auf der Unterseite des flachen Kopfes stehenden Fühler nähern sich in Form und Gliederung mit jeder Häutung mehr dem imaginalen Typ. Rhinarien finden sich in folgender Verteilung: bei Stadium I—III eins auf der eingliedrigen Fühlergeißel, beim IV. Stadium eins auf dem 1. und zwei auf dem 3. Geißelglied (Endglied), beim V. Stadium je eins auf dem 2., 4. und 7. Geißelglied (Endglied).

Wie bei der Imago sind zwei Paar miteinander verfalzte Stechborsten vorhanden (Abb. 24—26). Der zwischen den Vorderhüften herabhängende Rüssel wird vornehmlich aus dem zweigliedrigen Labium gebildet, während die kurze Oberlippe (Labrum) nur die Rüsselbasis deckt. Der Verlauf der Stechborsten und damit die Technik des Stechens weicht wesentlich von den bei der Imago beschriebenen Verhältnissen ab.

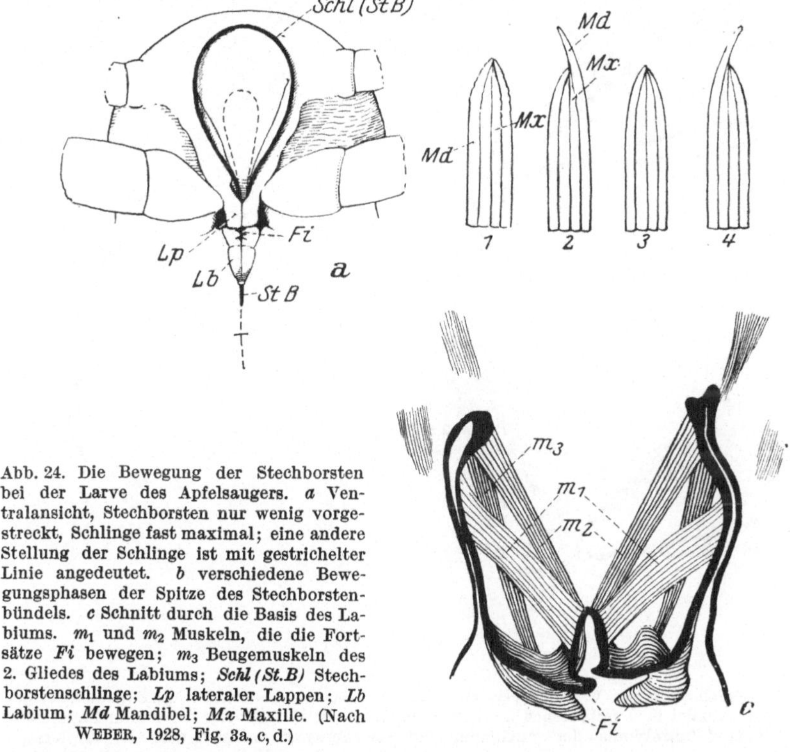

Abb. 24. Die Bewegung der Stechborsten bei der Larve des Apfelsaugers. *a* Ventralansicht, Stechborsten nur wenig vorgestreckt, Schlinge fast maximal; eine andere Stellung der Schlinge ist mit gestrichelter Linie angedeutet. *b* verschiedene Bewegungsphasen der Spitze des Stechborstenbündels. *c* Schnitt durch die Basis des Labiums. m_1 und m_2 Muskeln, die die Fortsätze *Fi* bewegen; m_3 Beugemuskeln des 2. Gliedes des Labiums; *Schl (St.B)* Stechborstenschlinge; *Lp* lateraler Lappen; *Lb* Labium; *Md* Mandibel; *Mx* Maxille. (Nach WEBER, 1928, Fig. 3a, c, d.)

Nachdem bereits BROCHER (1925), dem sich MINKIEWICZ (1927) im wesentlichen anschließt, unsere Kenntnisse gefördert hatte, verdanken wir die endgültige Klärung der Frage wiederum WEBER (1928, S. 152ff.). Die sehr langen Stechborsten finden ausgestreckt nicht genügenden Platz im Kopf und im Rüssel. Eine Schleifenbildung ist also notwendig. Die Schleife liegt jedoch nicht wie bei der Imago im Kopf, sondern außerhalb des Körpers, und zwar verlassen die Borsten unterhalb der Oberlippenspitze den Rüssel und kehren an der gleichen Stelle wieder in ihn zurück. Das Vorstoßen und Zurückziehen der Borsten und damit das Verschwinden oder die Neubildung der Schleife erfolgt mit Hilfe

der an der Borstenbasis angreifenden Pro- und Retractoren im gleichen
Rhythmus wie bei der Imago. Während aber bei letzteren die Fixierung
der Borsten durch Einknicken der Rüsselbasis bewirkt wird, bedient
sich die Larve zu diesem Zweck zweier Zangen („mamelons crochus",
BROCHER, a. a. O.; „fingerförmige Fortsätze", WEBER, a. a. O.), die vom

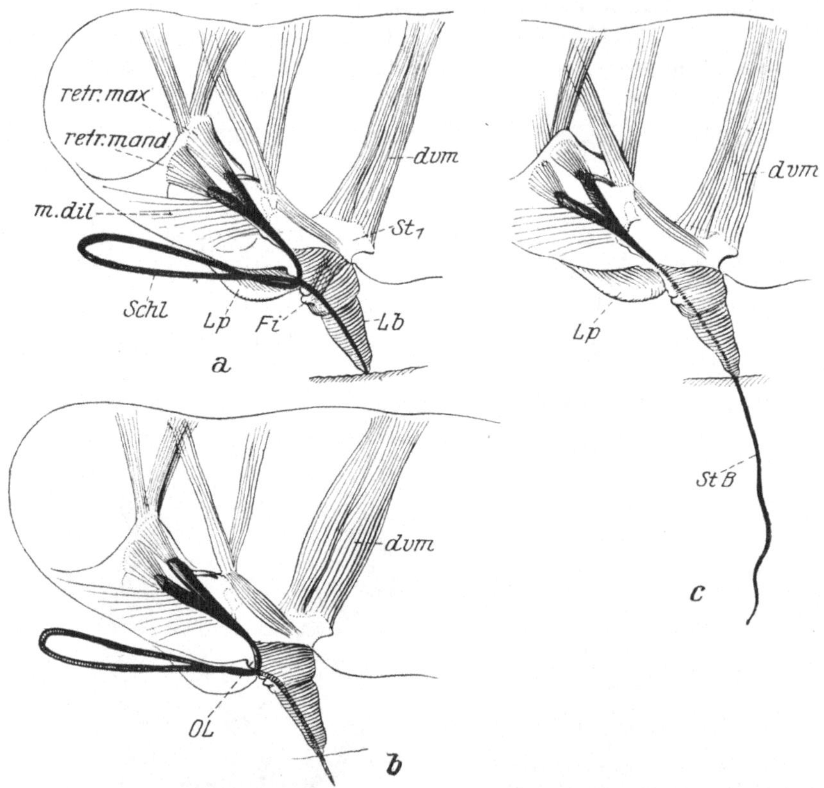

Abb. 25. Medialer Teil des Vorderkörpers einer Larve, durch zwei Sagittalschnitte herausgetrennt,
Stechborstenbündel in verschiedenen Stellungen *(a, b, c)*. *m.dil* Dilatator der Mundpumpe; *retr.*
max, retr.mand Retraktoren der maxillaren und mandibularen Stechborsten; *St₁* Prosternum
mit *dvm* Dorsoventralmuskeln; *Ol* Oberlippe; die anderen Bezeichnungen wie in Abb. 22. (Nach
WEBER, 1928, Fig. 4.)

Labium unterhalb der Oberlippenspitze gebildet werden. In der Ruhelage halten die Zangen durch die Elastizität des Chitins die Borsten
fest; durch leichten Muskelzug wird der Zugriff gelockert, so daß die
Borsten bewegt werden können. WEBER und der Verfasser konnten
auch beobachten, daß die fingerförmigen Fortsätze benutzt werden, um
das Stechborstenbündel wieder einzufangen, wenn durch ein Mißgeschick
die Schleife vollständig ausgezogen worden ist.

c) **Thorax.** In den ersten Stadien ist die Gliederung des Thorax auf der Dorsalseite noch sehr unvollkommen; die Anordnung der Sklerite geht aus Abb. 23 hervor. Erst mit dem Wachstum der Flügel sind die drei Thorakalsegmente deutlicher zu unterscheiden. Auf der Ventralseite freilich sind die Brustringe durch den Ansatz der drei Beinpaare scharf bezeichnet.

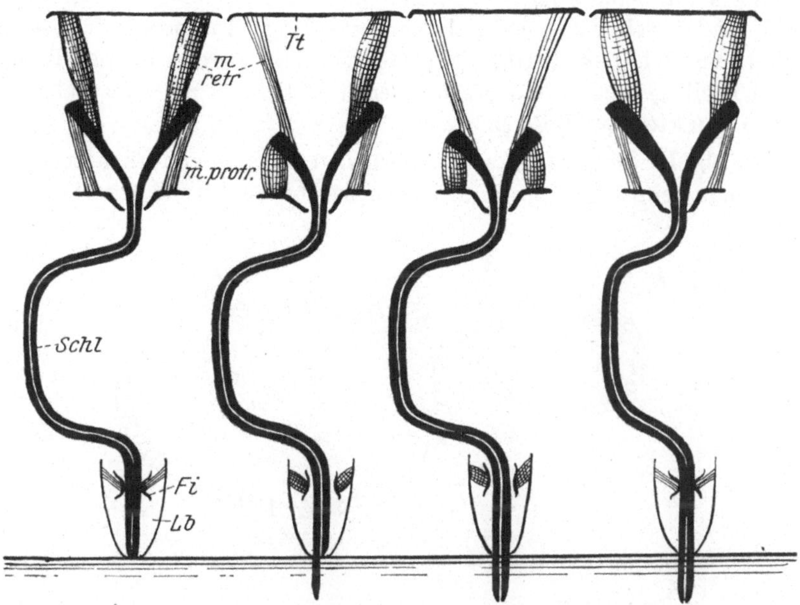

Abb. 26. Verschiedene aufeinanderfolgende Phasen des Vortreibens des Stechborstenbündels bei der Larve. Nur die Mandibelborsten sind dargestellt, 'die Schleife *Schl* ist vereinfacht. *m.retr* Retraktor, *m.protr* Protraktor der Mandibel; *Tt* Tentorium; *Fi* fingerförmige Fortsätze des Labiums *Lb*. (Nach WEBER, 1928, Fig. 5.)

Tabelle 1.

Larven-stadium	Gesamt-länge der Larve mm	Breite des Abdomens mm	Durch-schnittliches Verhältnis von Breite : Länge	Breite des Abdomens be-zogen auf die-jenige des I. Sta-diums = 1	Beinlänge (Fe-mur + Tibia + Tarsus) : Breite des Ab-domens = 100	Fühler-länge mm
I	0,5 —0,65	0,21	1 : 2,7	1	64	0,07—0,09
II	0,6 —0,85	0,35	1 : 2,06	1,6	55	0,14—0,16
III	0,78—1,21	0,46—0,54	1 : 1,98	2,4	62	0,20—0,27
IV	1,32—1,72	0,7 —0,82	1 : 2,0	3,5	67	0,45
V	1,65—2,16	0,91—0,98	1 : 2,02	4,5	84	0,90

d) Die Beine sind wie bei den meisten Insektenlarven wesentlich primitiver als diejenigen der Imagines gebaut. Auf die zylindrische, auch beim 3. Beinpaar noch nicht in den Thorax eingeschmolzene Coxa folgt das Trochanterofemur, an das sich im normal ausgebildeten Kniegelenk der — beim I. und II. Stadium eingliedrige — Tibiotarsus anschließt. Der Tibiotarsus endet mit zwei Krallen und einem Haftlappen. Im III. Stadium beginnt sich das letzte Tarsalglied von der Tibia abzuschnüren. Diese Abschnürung ist im V. Stadium beendet, bei dem sich überdies die beginnende Abgliederung eines weiteren Tarsalgliedes von der Tibia bemerkbar macht. Auf dem Krallengliede der Larven II bis V findet sich wie bei der Imago eine lange Tastborste (vgl. auch Abb. 15 von Krause, 1916), die DE GEER (1780) bereits bei der Brennnessel-Psylla gefunden und beschrieben hat. Beim I. Stadium stehen an diesem Punkte zwei Borsten.

e) Flügel. Die ersten kaum merklichen Anlagen von Flügelscheiden findet man beim II. Stadium. Deutlicher treten sie bereits beim III. Sta-

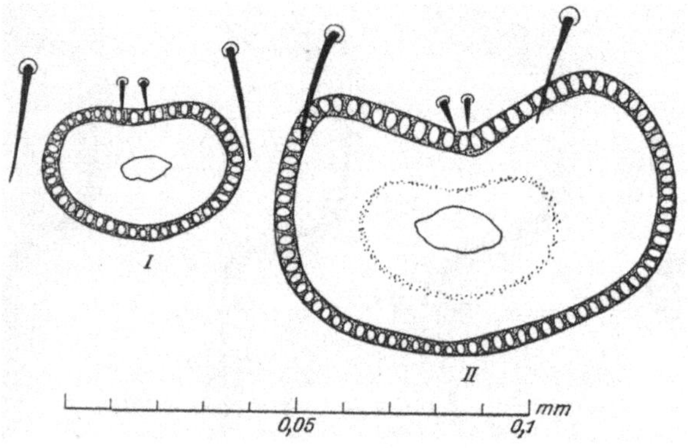

Abb. 27. After mit Wachsdrüsenring. I. und II. Larvenstadium.

dium in Erscheinung und beim IV. und V. sind sie bereits außerordentlich gewachsen (Abb. 23). Ihre Färbung wurde bereits S. 32 beschrieben.

f) Abdomen. Von den zehn Abdominalringen sind die vier ersten frei, die folgenden mehr oder weniger fest zu einem einheitlichen Gebilde verwachsen. Das 10. Segment mit dem After liegt vollkommen auf der Ventralseite. Der als Träger intrazellulärer Symbionten (? Saccharomyceten) aufgefaßte Pseudovitellus liegt als kompaktes Organ im Abdomen quer über der Darmschlinge (vgl. BUCHNER, 1912).

g) Verdauungskanal. Über das Verdauungssystem der Larven liegen keine eingehenden Untersuchungen vor. Der Darm bildet ebenso wie bei der Imago eine durch Rotation entstandene Schlinge; die malpighischen Gefäße sind ebenfalls vorhanden. Mit Wachsdrüsen und Anus (Abb. 27—29) hat sich AWATI (1915) beschäftigt, doch hat er den Anus irrtümlich gedeutet.

Das Rectum mündet auf einer annähernd herzförmig umgrenzten Fläche des 10. Segmentes. Während die herzförmige Umrahmung durch einen Kranz kräftiger Wachsdrüsenöffnungen gebildet wird, finden sich weiter innerhalb dieses Kranzes in weniger regelmäßiger Anordnung noch sehr zahlreiche kleinere Wachsporen (vgl. auch Abbild. 7 von BÖRNER, 1909, Larven von *Psylla alaterni* FÖRST.). AWATI (a. a. O.) nennt das ganze Gebilde „herzförmiges Organ" und glaubt den After in einer vor dem Einschnitt des „Herzens" gelegenen Einstülpung des Integumentes zu erkennen. Daß jedoch das Rectum inmitten des „Herzens" mündet, ist an Larvenhäuten ebenso wie an sezierten Larven leicht zu erkennen, sehr viel schwieriger an Kalilaugepräparaten. Die von AWATI (a. a. O.) als Anus bezeichnete

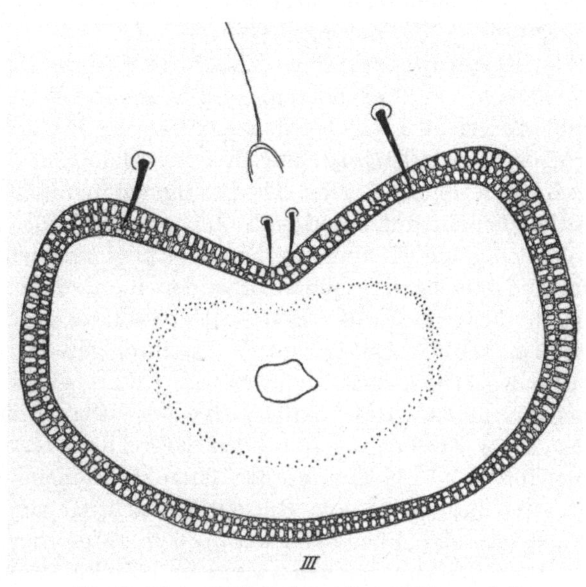

Abb. 28. After mit Wachsdrüsenring. III. Larvenstadium. Vergrößerung wie Abb. 27.

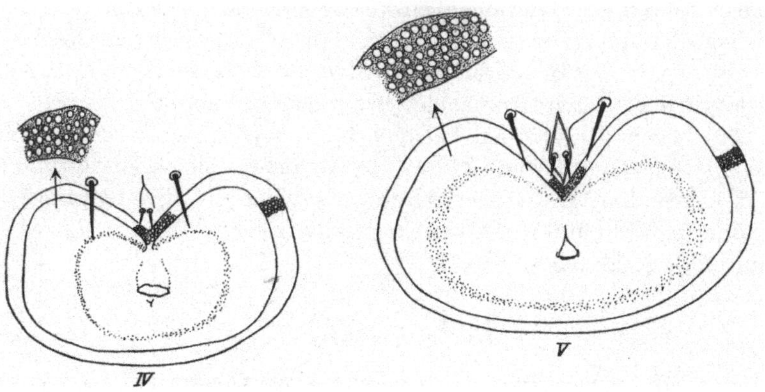

Abb. 29. After mit Wachsdrüsenring. IV. und V. Larvenstadium. Aus Gründen der Raumersparnis ist die Vergrößerung geringer als in Abb. 27 und 28; die Poren der Wachsdrüsen sind nur an einigen Stellen angedeutet. Ein Ausschnitt des Wachsdrüsenringes von Stadium IV und V ist zum besseren Vergleich in der gleichen Vergrößerung wie Abb. 27 und 28 gezeichnet.

Einstülpung, die sich übrigens erst im III. Stadium (Abb. 28) auszubilden beginnt, halte ich für die erste Andeutung der Geschlechtsöffnung. Die chemische Natur des Psyllawachses (*Psylla alni*) wurde von SUNDWICK (1901) untersucht.

h) Respirationssystem. Nach WITLACZIL (a. a. O.) besitzen die Psyllidenlarven zwei thorakale und sieben abdominale Stigmen. Dagegen fand AWATI (a. a. O.) bei den Larven von *Psylla mali* außer den zwei großen Thorakalstigmen nur drei im Abdomen. Nach meinen Untersuchungen sind die zwei Thoraxstigmen in allen fünf Larvenstadien vorhanden und auffallend groß. Im I. Stadium fehlen Abdominalstigmen vollständig, im II. und III. Stadium sind auf dem hinteren Abschnitt des Abdomens drei Stigmen vorhanden, die aber anscheinend geschlossen, also funktionslos sind[1]. Erst im IV. Stadium werden diese Abdominalstigmen funktionsfähig; im V. Stadium gesellt sich ihnen noch ein weiteres geschlossenes Stigma hinzu. AWATI (a. a. O.) fand, daß der Stigmenverschlußapparat bei der Larve wesentlich komplizierter als bei der Imago ist, Zweifellos geht bei den Larven der Gasaustausch vornehmlich mit Hilfe der auffallend großen Thorakalstigmen vor sich, die zunächst ganz frei liegen und vom Rücken her sichtbar sind, mit zunehmendem Wachstum der Flügelscheiden jedoch unter diesen verschwinden.

i) und k) Von **Nervensystem** und **Zirkulationssystem** sind keine Besonderheiten bekannt.

l) Sexualorgane. Daß eine Hauteinstülpung oral von der Afterplatte des III.—V. Stadiums als Vorbildung der äußeren Geschlechtsöffnung betrachtet werden kann, wurde bereits gesagt. Unterschiedliche Geschlechtsmerkmale ließen sich an dieser Einstülpung nicht feststellen. Männliche Larven sollen kürzer sein als gleichaltrige weibliche. Wenngleich AWATI (a. a. O.) glaubt, daß sich die inneren Geschlechtsorgane erst in der Imago bilden, so sind die Anfänge ihrer Entwicklung bereits in den älteren Larvenstadien zu suchen. Nach WITLACZIL (a. a. O. S. 260) liegen die Ovarien bei den Larven (Altersangaben fehlen) als kleine Rosetten jederseits hinten im Abdomen. Nach BUCHNER (1912, S. 52) enthalten die Hoden älterer Psyllalarven bereits ausgebildete Spermien, während die Ovarien gleichaltriger weiblicher Larven aus jungen Ovocyten bestehen.

B. Entwicklung.

Der Apfelsauger hat jährlich nur eine Generation. Gegenteilige neuere Angaben dürften größtenteils auf der irrtümlichen Darstellung von TASCHENBERG (1901) fußen (vgl. aber die auf S. 47 erwähnten An-

---

[1] MINKIEWICZ (1927) bildet in seiner Fig. 19 ein II. Larvenstadium mit acht abdominalen Stigmenpaaren ab.

gaben von Minkiewicz). Eine parthenogenetische Entwicklung wurde bisher niemals beobachtet. Im Eizustand befindet sich *Psylla mali* etwa von Anfang September bis Anfang April. Tabelle 2 gibt über das erste Erscheinen der verschiedenen Lebensstadien während der Jahre 1926—1928 bei Stade Auskunft, Abb. 23 und Tabelle 1 über das Größenwachstum der Larven, die Kurventafel (Abb. 30) erläutert im einzelnen den Entwicklungsgang unter Berücksichtigung der Temperatur.

Für die gesamte Entwicklung vom Verlassen des Eies bis zum Ausschlüpfen der Imago wurden entsprechend Tabelle 2 im Freilande benötigt: 1926: 41 Tage; 1927: 64 Tage; 1928: 44 Tage. Nach Minkiewicz

Tabelle 2. **Erstes Auftreten der verschiedenen Lebensstadien von** *Psylla mali* **in den Jahren 1926—1928.**

	Larve I	Larve II	Larve III	Larve IV	Larve V	Imago	Ei
1926	6. April	12. April	18. April	26. April	6. Mai	17. Mai	7. September
1927	28. März	11. April	21. April	29. April	7. Mai	1. Juni	2. September
1928	10. April	23. April	28. April	2. Mai	12. Mai	25. Mai	Ende August

(1927, S. 467) variiert in Polen das Ausschlüpfen der ersten Junglarven vom 31. März bis 24. April. Als durchschnittlicher Termin (1920—1926) wurde der 12. April bestimmt. Während 7 Jahren beobachtete Minkiewicz (a. a. O., S. 490) die gesamte Larvenentwicklungsdauer; er fand 1920: 28 Tage; 1921: 44; 1922: 40; 1923: 31; 1924: 31; 1925: 35; 1926: 35 Tage. Brittain (1922, S. 96—101 und 1923), der seine Studien in Nova Scotia (Kanada) machte, gibt für die Gesamtlarvenentwicklung 31—36 Tage, im Durchschnitt 34,2 Tage an, also ähnliche Zeiten wie Minkiewicz. Der Beginn des Ausschlüpfens der Junglarven aus dem Ei erfolgt aber in Kanada wesentlich später als in Mitteleuropa, nämlich Anfang bis Mitte Mai und die ersten Imagines wurden am 15. Juni beobachtet. Svjatowitch-Bielikova (1914) berichtet über die Entwicklungsdaten im russischen Gouvernement Kaluga: Die ersten Junglarven am 8. Mai, die Nymphen am 17. Mai, die Imagines am 29. Mai. Die Entwicklungszeit ist also gegenüber den norddeutschen Verhältnissen außerordentlich verkürzt. Allerdings sind die von Umnov (1913) ebenfalls für Kaluga gegebenen Daten wesentlich anders: Junglarven am 19. April, Imagines am 23. Mai. Nach Balabanow (1914) schlüpfen die Eier in Südrußland im März aus, in Zentralrußland im April. Wie stark Erscheinen und Verschwinden der einzelnen Stadien von der Temperatur beeinflußt werden, lehrt die Kurventafel mit aller Deutlichkeit. Die hohen Tagestemperaturen im Anfang Mai des Jahres 1927 beschleunigten die Entwicklung des IV. Stadiums, anfänglich auch die des V. Stadiums. Etwa vom 13.—30. Mai lagen die Durchschnittswerte jedoch unter dem Normalen und in der Folge verzögerte sich die Beendigung der Metamorphose ganz außerordentlich. Die Unterlagen zur

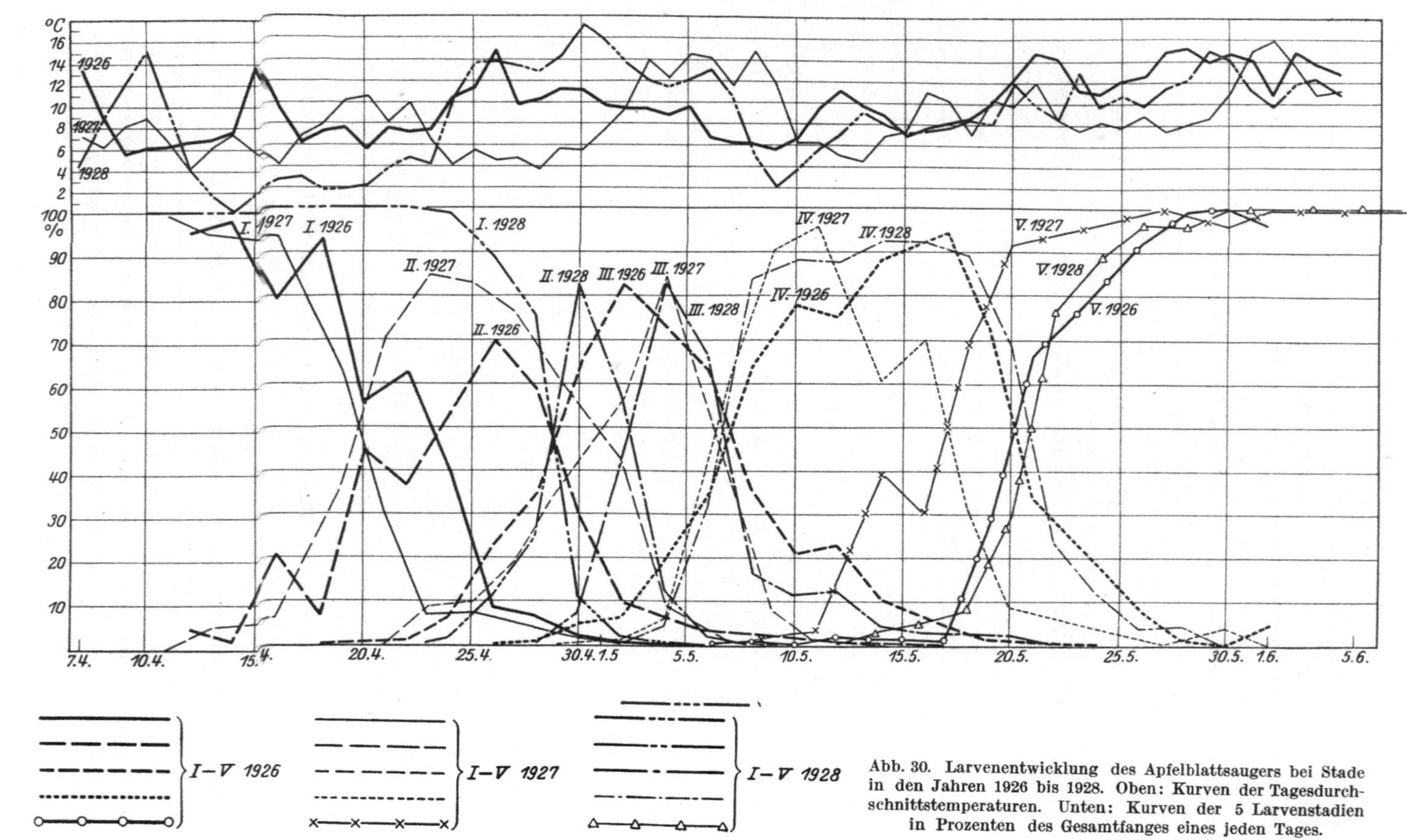

Abb. 30. Larvenentwicklung des Apfelblattsaugers bei Stade in den Jahren 1926 bis 1928. Oben: Kurven der Tagesdurchschnittstemperaturen. Unten: Kurven der 5 Larvenstadien in Prozenten des Gesamtfanges eines jeden Tages.

Kurventafel wurden dadurch gewonnen, daß während der kritischen Zeit jeden 2. Tag etwa zehn Blütenbüschel von einem und demselben schwer befallenen Baum entnommen, die darin enthaltenen Larven nach ihrem Alter geschieden und die Hundertsätze der einzelnen Stadien berechnet wurden.

Die Imagines leben im allgemeinen von Ende Mai bis Mitte Oktober, selten bis Anfang November. BRITTAIN (a. a. O.) hat die letzten Imagines am 12. November (1920) beobachtet. Beide Geschlechter finden sich durchschnittlich in der gleichen Zahl, erst Mitte Oktober wird ihre Gesamtzahl kleiner und das Zahlenverhältnis für die Männchen ungünstiger. Das gleiche hat MINKIEWICZ (1927) in Polen beobachtet. THEOBALD (1909, S. 153—165) ist der Ansicht, daß die Männchen alsbald nach der Copula sterben; ich konnte dies niemals beobachten, es ist auch nach dem Zahlenverhältnis der Geschlechter unwahrscheinlich. Im November fand ich nur noch Weibchen.

Wenngleich die ersten Eier bei Stade bereits Ende August bis Anfang September abgelegt werden, erstreckt sich das Fortpflanzungsgeschäft bis Ende Oktober. Es wird eigentlich erst durch die zunehmend ungünstige Witterung (kalter Regen, Frostnächte) beendet. Die Witterung der für die Eiablage wichtigen Monate in den Jahren 1926—1928 ist in der Tabelle 3 dargestellt.

Tabelle 3. Witterungsübersicht der Monate August—Oktober in den Jahren 1926, 1927 und 1928.

		Durchschnittliche Tagestemperatur °C	Niederschlagsmenge (Monatssumme) mm	Relative Feuchtigkeit (Monatsmittel) %	Windstärke (Monatsmittel)	Zahl der	
						Frosttage	Eistage
August	1926	16,0	103,3	78,4	3,5	0	0
	1927	16,3	165,8	82,4	3,45	0	0
	1928	15,5	111,8	77,9	3,3	0	0
September	1926	14,0	62,8	83,0	3,48	0	0
	1927	13,4	76,2	80,3	3,44	0	0
	1928	12,2	7,3	76,6	3,1	1	0
Oktober	1926	7,3	127,3	84,6	3,94	4	0
	1927	9,6	82,8	83,0	3,42	2	0
	1928	9,1	97,2	85,3	3,5	3	0

Die stärkste Vermehrung des Apfelsaugers fand 1928 statt; 1927 war sie etwas geringer und 1926 nur schwach. Ohne Zweifel sind hierfür die Klimawerte der Monate September und Oktober verantwortlich. Je geringer die Niederschlagsmengen und die Windstärken sind, desto ungestörter können die Eier abgelegt werden. Bei Beachtung der in der Tabelle nicht angegebenen Tageswerte zeigt sich, daß 1926 bereits in der ersten Oktoberhälfte mehrfach die Windstärke 9 (= Sturm) gemessen wurde.

Die überwinternden Eier werden, wie der strenge Winter 1928/29 gezeigt hat, durch Witterungsunbilden nicht beeinflußt.

C. Lebensweise.

1. Allgemeines.

Zucht. Die Zucht des Apfelsaugers im Laboratorium ist nicht schwierig. Am einfachsten schneidet man Apfelzweige mit Eiern Mitte März ab und stellt sie in Gefäße mit Wasser. Durch wiederholtes Erneuern des Wassers und der Schnittfläche muß den sonst unausbleiblichen Fäulniserscheinungen entgegen gearbeitet werden. In trockner Stubenluft leiden die Eier; am besten gelingt daher die Zucht in einem nicht zu warmen Gewächshause. Häufiges Übersprengen der Zweige mit Wasser ist empfehlenswert.

Werden die Zweige schon vor Mitte März abgeschnitten und warm gestellt, so entwickeln sich die Zweige schneller als die Eier, was zu Unzuträglichkeiten führt. Die Larven entwickeln sich an abgeschnittenen Zweigen — solange diese frisch sind — durchaus normal. Da die Larven sehr seßhaft sind, ist bei Laboratoriumszuchten ein Schutz durch Gazebeutel oder Käfige erst kurz vor dem Ausschlüpfen der Imagines notwendig. Soll dagegen die Larvenentwicklung an einem Baum im Freien studiert werden, so muß man zur Abhaltung von Parasiten und Feinden der Larven sehr sorgfältig von Beuteln Gebrauch machen. Allgemeine Regeln für die Abmessungen der Beutel können nicht gegeben werden, da hierüber der jedesmal vorliegende Zweck entscheidet. Für Freilandbeutel wähle man nicht zu lockeren Nesselstoff, um möglichst auch die Blattlausmücken (Heteropeziden) fernzuhalten (vgl. Börner 1926, S. 257—258).

Die Imagines werden für Versuche betreffs Lebensdauer, Eizahl usw. am besten an lebenden Apfelzweigen im Freilande gebeutelt. Man suche sich hierzu Äste im Innern der Baumkrone aus, die vor praller Sonne und heftigem Schlagregen geschützt sind. Für kürzere Zeit kann man die Imagines im Laboratorium auch an abgeschnittenen Zweigen halten, über die zum Zwecke leichterer Beobachtung ein weiter Glaszylinder gestreift wird. Die Abdichtung des Zylinders an der Zweigbasis wird durch Watte, der obere Verschluß durch lockeren Nesselstoff bewerkstelligt. Direkte Sonnenbestrahlung ist unbedingt zu vermeiden, sonst beschlägt die innere Glaswand, und die Tiere bleiben in der Nässe hängen.

2. Imago.

Nachdem die junge Imago die Nymphenhaut vollständig abgestreift hat, bedarf sie etwa 1 Stunde, um vollkommen zu erhärten. Im allgemeinen findet man die Tiere auf der Unterseite der Blätter ruhig sitzen, zumeist gesellig. Dieser auffallende Geselligkeitstrieb hat zunächst mit dem Geschlechtsleben nichts zu tun, denn sehr häufig findet man kleine Gesellschaften von 3—6 Stück des gleichen Geschlechts zusammen.

a) Kleinere Ortsbewegungen werden kriechend ausgeführt, für größere bedient sich der Apfelblattfloh seines Sprungvermögens. Die Sprungweiten sind recht erheblich — 20 cm sind nicht selten —, jedoch lassen sich maximale Werte schwer angeben, da der Sprung zumeist unmittelbar in den Flug übergeht. Zur Ausführung des Sprunges dient hauptsächlich die starke am Trochanter ansetzende Muskulatur der in den Metathorax eingeschmolzenen Coxa und Subcoxa. Durch ihre Kontraktion wird zugleich mit dem Trochanter auch das Femur gestreckt. Gleichzeitig wird die Tibia durch Kontraktion der im Femur liegenden Muskeln gestreckt, eine Überstreckung des Kniegelenkes ist durch den in der Nähe des Gelenkes auf der Streckseite der Tibia befindlichen Höcker verhindert. Mit Hilfe der an der Unterseite der Tibiaspitze stehenden vier krallenartig verbreiterten und verdickten Dornen, zwischen denen sich noch ein kräftiger Borstenkamm befindet, können sich die Tiere beim Sprung energisch von der Unterlage abstoßen. Zwei ebensolche Dornen mit derselben Funktion befinden sich am Ende des ersten Tarsalgliedes. Scheucht man gleichzeitig zahlreiche Apfelsauger auf, so kann man ein durch das Abspringen erzeugtes leise knisterndes Geräusch wahrnehmen.

b) Der Flug ist schwirrend und nicht sehr gewandt. Kleinere Strecken können ohne weiteres fliegend zurückgelegt werden, größere nur mit Hilfe günstiger Windströmungen. Aber nur unter bestimmten, nicht näher erforschten Bedingungen lassen sich die Tiere, ohne Widerstand zu leisten, vom Winde treiben. Im allgemeinen streben sie schnell dem nächsten Baum oder Strauch zu, oder lassen sich sogar zu Boden sinken. Infolge dieser Abhängigkeit der Tiere vom Wind findet man sie an sehr windigen Örtlichkeiten, wenn sie auch sonst geeignet sind, niemals häufig. An der windabgekehrten Seite („Lee") einzelstehender Bäume sitzen sie stets in größerer Zahl als an der windzugekehrten Seite („Luv"). Ebenso ist die in der Hauptwindrichtung liegende Seite einer isolierten Obstanlage merklich schwächer besiedelt als das Zentrum oder die übrigen mehr geschützten Seiten. Ähnliche Beobachtungen konnten bereits früher an anderen Insekten (z. B. Erdflohkäfern) gemacht werden. In Amerika hat Lutz (1927) festgestellt, daß in solchen Fallen,

die an der Leeseite offen waren, wesentlich mehr Insekten einflogen
als in Fallen, deren Öffnungen auf der Luvseite lag (REH, 1928, S. 11).
Der Anflug aber dürfte meines Erachtens größtenteils von der Luvseite,
also mit dem Winde erfolgt sein. Der auf der Leeseite eines Körpers
sich bildende Luftwirbel zieht die in der Nähe vorübertreibenden Insekten in die Zone des Windschattens, wo alsdann ein Festsetzen recht
leicht möglich ist.

c) Im **Sinnesleben** der Apfelsauger spielt der Geruch offenbar eine
sehr wichtige Rolle. An der Rüsselspitze befindet sich ein einreihiger
Kranz feiner Sinnesstifte, die bei der Auswahl der Nahrung von Bedeutung sein dürften. Der in den Rhinarien der Fühler lokalisierte Geruchs-
sinn wird besonders stark in Tätigkeit gesetzt, wenn die Tiere irgendwie
erregt sind. Kurz vor dem Abfliegen, unmittelbar nach dem Anfliegen,
bei Beunruhigung, bei geschlechtlicher Erregung usw. werden die seitlich
vorwärts gehaltenen Fühler lebhaft bewegt. Jeder Fühler umschreibt
dabei einen Kegelmantel, indem sich seine Spitze aus der Hochhaltung
nach vorwärts innen und weiter durch die Tiefhaltung nach seitwärts
außen und wieder zur Hochhaltung bewegt, u.s.f. Beide Fühler bewegen
sich zwar ungefähr in der gleichen Geschwindigkeit aber nicht im gleichen
Rhythmus. Während nämlich der eine durch die Hochlage schwingt,
pendelt der andere durch die Tieflage, d. h. ungefähr, aber nicht regelmäßig und mit Genauigkeit. Je größer die Erregung der Tiere ist, desto
größer sind die von den Fühlerspitzen beschriebenen Kreise.

Untersuchungen über die optischen Fähigkeiten des Apfelsaugers fehlen. Sein Empfinden für Lichtstärken ist recht ausgeprägt.
Grelles Sonnenlicht, selbst helleres diffuses Tageslicht wird gemieden.
Daher bevorzugen die Tiere auch zumeist die Unterseiten der Blätter
und dichte Baumkronen bzw. Obstanlagen. Man darf das Verhalten
der Apfelsauger aber nicht einfach als negativ phototropisch bezeichnen,
da nicht die absolute Dunkelheit, sondern nur eine optimale Zone ge-
dämpften Lichtes aufgesucht wird. Es scheint übrigens, als wenn sich
dieses Optimum im Laufe des imaginalen Lebens, insbesondere im Herbst,
nach der Seite größerer Helligkeit hin etwas verschiebt.

Das Tastempfinden ist äußerst fein. Erschütterungen der Unterlage werden durch die Beine, insbesondere durch das am 2. Tarsalglied
sämtlicher Beine befindliche lange Tasthaar dem nervösen Apparat zu-
geleitet. Dabei unterscheiden die Tiere sehr genau Bewegungen, die
durch den Wind verursacht sind, von anderen, fremdartigen Erschütterungen.

Durch welche Organe des Apfelsaugers die Luftfeuchtigkeit der
Umgebung gemessen bzw. beurteilt wird, ist nicht untersucht. Jedenfalls
ist das Empfinden für die verschiedenen Grade der Feuchtigkeit sehr
fein. Die Vorliebe für besonders dichte Obstanlagen kann außer durch

eine gewisse Licht- und Windflucht auch durch ein Bedürfnis nach hoher relativer Luftfeuchtigkeit bedingt sein. Noch deutlicher spricht für das Feuchtigkeitsbedürfnis des Apfelsaugers seine geographische Verbreitung (s. S. 7—8).

d) Ernährung. In der Ruhestellung, bei der die Flügel dachartig den Körper decken, liegt der Apfelsauger dem als Sitz dienenden Blatt oder Blatt- bzw. Fruchtstiel dicht auf. Die Rüsselspitze berührt demnach die Blattoberfläche, so daß nur noch die Stechborsten in der oben beschriebenen Weise vorgetrieben werden müssen, wenn der Saugakt eingeleitet werden soll. Die Imagines nehmen ohne Zweifel Nahrung auf, jedoch ist ihr Nahrungsbedürfnis an dem der Larven gemessen äußerst gering. Apfelblätter, an denen zahlreiche Imagines gesogen haben, bekommen winzige weiße Flecke, ähnlich wie Rosenblätter, die von *Typhlocyba* bewohnt sind. AWATI (1915) glaubt aus der Form der Flecken erkennen zu können, ob sie von *Psylla mali* hervorgerufen sind. Zu einer nennenswerten Schädigung der Bäume allein durch den Fraß der Imagines kommt es selbst bei Massenbefall nicht, dagegen hat BRITTAIN (1923, S. 53—72 und 1923, S. 176—188) beobachtet, daß derart angestochene Apfelblätter besonders leicht durch Spritzungen mit Kupferkalkbrühen „verbrannt" werden. Ich selbst habe ähnliches nie mit Sicherheit feststellen können, jedoch liegt nach allem, was wir sonst von der Wirkung der Kupferkalkbrühe wissen, durchaus die Möglichkeit hierfür vor (vgl. S. 62). Gefährlicher als die Verletzungen der Blätter sind Beschädigungen der jungen Früchte und ihrer Stiele. Wenngleich der größere Teil der Krüppelfrüchte auf das Konto der Larventätigkeit zu setzen ist, so sind die Imagines an diesen Verunstaltungen doch nicht ganz unbeteiligt. Dienen die jungen Fruchtstiele als Nahrungsquelle, so führt die hierdurch bedingte Saftstockung in vielen Fällen dazu, daß sich der Baum dieser im Wachstum gehinderten jungen Äpfel entledigt. Immerhin sind derartige schwere Schäden verhältnismäßig selten und überhaupt nur bei Massenbefall möglich. Die Kotabgabe der Imagines ist gering; auch dies spricht für einen bescheidenen Nahrungsbedarf. Wachsausscheidungen am After zeigen nur die Weibchen im geringen Umfange; den Männchen fehlen die Wachsdrüsen.

e) Wandertrieb. Wenngleich der Apfel (*Pirus malus*) als die eigentliche Nährpflanze von *Psylla mali* zu betrachten ist (s. S. 5ff.), so findet man die Imagines doch häufig auf allen möglichen anderen Pflanzen. Schon SCHMIDBERGER (1837) war bekannt, daß die jungen Imagines ihren Geburtsort häufig verlassen, und LÖW (1876) berichtet ganz allgemein von den Psylliden, daß die Imagines gerne wandern. Sehr eingehend hat sich in Kanada BRITTAIN (1922, S. 59—64) mit der Wanderung des Apfelsaugers beschäftigt. Die Abwanderung aus den Apfelanlagen begann in der 3. Juniwoche und dauerte etwa 1 Monat.

Alsdann nahm die Zahl der Imagines auf den Apfelbäumen wieder langsam zu. Mitte September waren praktisch alle Tiere zum Apfel zurückgekehrt, nur auf der „mountain Ash" fanden sich bis in den Oktober hinein noch einzelne Stücke. Diese Feststellungen kann ich für mein Beobachtungsgebiet (Niederelbe) teilweise bestätigen (Tabelle 4). Auch BRIZOVSKY (1915) hat die Wanderung des Apfelsaugers beobachtet.

Tabelle 4. Vergleichsfänge (je 30 Fangschläge) an verschiedenen Pflanzen innerhalb eines Obstgartens in Stade (1926).

	25. 6.			30. 6.			1. 7.			4. 8.			25. 8.			3. 9.		
	♂	♀	s	♂	♀	s	♂	♀	s	♂	♀	s	♂	♀	s	♂	♀	s
Süßkirsche	6	7	13	—	—	—	—	—	—	—	—	—	—	—	—	—	—	—
Linde	—	—	—	15	21	36	—	—	—	2	2	4	0	2	2	—	—	—
Roßkastanie	—	—	—	—	—	—	16	16	32	—	—	—	—	—	—	—	—	—
Verschiedene Bäume (Birne, Ahorn usw.)	—	—	—	—	—	—	—	—	—	4	8	12	0	2	2	0	1	1
Verschiedene Sträucher	—	—	—	—	—	—	—	—	—	1	0	1	—	—	—	—	—	—
Johannisbeere	5	7	12	—	—	—	—	—	—	—	—	—	—	—	—	—	—	—
Cornus	—	—	—	—	—	—	1	0	1	—	—	—	—	—	—	—	—	—
Symphoricarpus	—	—	—	—	—	—	1	1	2	—	—	—	—	—	—	—	—	—
Thuja	—	—	—	—	—	—	11	9	20	0	6	6	1	0	1	—	—	—
Thuja und andere Sträucher (Wildrose, Hasel)	—	—	—	—	—	—	—	—	—	—	—	—	—	—	—	0	0	0
Gras unter Apfelbäumen	—	—	—	2	6	8	5	8	13	—	—	—	—	—	—	—	—	—
Freie Grasfläche	—	—	—	1	0	1	—	—	—	0	0	0	0	0	0	0	2	2
Linden (50—100 m von den nächsten Apfelbäumen entfernt)	—	—	—	—	—	—	0	0	0	—	—	—	—	—	—	—	—	—

Es hat den Anschein, als ob die Apfelsauger nur gewissermaßen auf der Suche nach anderen Apfelbäumen vorübergehend und zufällig auf fremdartigen Gewächsen Ruhepausen einlegen[1]. Denn stets fanden sich zu gleicher Zeit auf Apfelbäumen ganz wesentlich mehr Apfelsauger als auf benachbarten fremden Pflanzen. Am 7. 7. 1926 fing ich auf jungen, rings von hohen Waldbäumen und Gebüsch eingeschlossenen Apfelbäumen einige Imagines, dagegen waren sämtliche Ketscherfänge in der näheren Umgebung ergebnislos. Ein biologischer Zwang zur vorübergehenden Wanderung auf andersartige Pflanzen, wie wir dies von zahlreichen Blattläusen kennen, besteht für den Apfelsauger zweifellos nicht. Die Wanderfähigkeit des Apfelsaugers steht mit dem schon erwähnten geringen Nahrungsbedarf der Imagines in engem Zusammenhange. Andererseits ist es nicht möglich, die Tiere 1 Woche lang ohne Futter am Leben zu halten. Für diesen Versuch wurden Ende Juni zahlreiche Apfelsauger in einen leeren Gazebeutel eingeschlossen und dieser in das Innere einer dichten Apfelbaumkrone gehängt. Auf diese

---

[1] Anscheinend ist MINKIEWICZ (1927) der gleichen Ansicht.

Weise waren hinsichtlich Temperatur und Luftfeuchtigkeit natürliche
Bedingungen gegeben. Gleichzeitig wurden an dem gleichen Baum verschiedene Äste mit Imagines in Gazebeutel eingeschlossen. In diesen
Futterkontrollen lebte die Mehrzahl der Tiere recht lange, einzelne bis
zu 2 Monaten. In einem weiteren Versuch wurden die Imagines an den
Zweigen einer Linde eingebeutelt. Die Mehrzahl von diesen lebte etwa
10 Tage lang, einige aber 3 Wochen; dies läßt die Vermutung auftauchen,
daß die Apfelsauger-Imagines vielleicht befähigt sind, für kürzere Zeit
ihr Feuchtigkeitsbedürfnis auch an fremdartigen Pflanzen zu befriedigen. Als beweisend darf aber dieser eine Versuch nicht gelten. Jedenfalls ist die Aufnahme von Feuchtigkeit wichtiger als die Zuführung
von Nahrung.

Ende August ist an der Niederelbe die Zahl der wandernden Apfelsauger bereits stark zurückgegangen, sie vermindert sich weiter in dem
Maße, wie die Weibchen legereif werden.

f) Die Copula beginnt — ohne Rücksicht auf die zunächst noch
ganz unentwickelten Ovarien — etwa Mitte Juni[1] und erstreckt sich
bis in den Oktober. Die Hauptzeit für die Begattung liegt im August
und Anfang September; Mitte Juli findet man erst bei wenigen Weibchen ein gefülltes Receptaculum seminis. FURLEY (1907) hat anscheinend
nur im September die Copula beobachtet. MINKIEWICZ (1927, II) glaubt,
zwei Paarungsperioden unterscheiden zu können. In der ersten Periode,
die bereits kurz nach dem Erscheinen der Imagines einsetzt, paaren
sich nur wenige Tiere, während die Hauptmasse erst später kopuliert.
Nach der ersten Paarungsperiode sollen einige Eier abgelegt werden,
aus denen eine partielle 2. Generation hervorgeht. MINKIEWICZ (a. a. O.)
sieht darin einen Hinweis, daß früher regelmäßig zwei Generationen
gebildet wurden. Ich habe ähnliches an der Niederelbe nicht beobachten
können. KOROLKOV (1914, S. 1—93) berichtet ebenfalls von einer
partiellen zweiten Generation. BALABANOW (1914) widerspricht der
Behauptung LAKINS, der Copula und Eiablage in Rußland am 26. März
beobachtet haben will; beides finde auch in Rußland im Herbst statt.
Daß die Männchen sehr viel früher als die Weibchen (vgl. Abb. 18) ihre
Geschlechtszellen zur Reife bringen und dementsprechend frühzeitig
mit der Begattung beginnen, ist von vielen Insekten bekannt. Bei der
Begattung sitzen, wie bereits DE GEER (1780, S. 95) berichtet, beide
Tiere nebeneinander; die Analplatte des Männchens legt sich auf das
8. Tergit des Weibchens, die Parameren umgreifen die weibliche Hinter-

---

[1] SCHMIDBERGER (1837) beobachtete die erste Copula am 6. September,
nachdem er bereits einige Tage zuvor reife Eier aus einem Weibchen herausprä-
pariert hatte, und schloß daraus, daß die Eier regelmäßig vor der Begattung
reif werden.

leibsspitze und der Penis wird in die Vagina eingeführt (vgl. auch Löw, 1876, S. 190; WITLACZIL a. a. O. S. 628, betreffs *Psylla buxi*; und BRITTAIN, 1922, S. 8). Die Verankerung beider Geschlechter ist nicht sehr fest; bei Gefahr löst sie sich leicht und schnell. Es scheint, daß Weibchen und Männchen zu wiederholter Begattung fähig sind.

g) Die **Eiablage** beginnt an der Niederelbe regelmäßig in den ersten Tagen des Monats September (die gleiche Zeit gibt SCHMIDBERGER, 1837, an), sie endet erst kurz vor dem Tode der letzten Weibchen, d. h. etwa Ende Oktober. BOGDANOVA-KATKOVA (1916) fand im russischen Bezirk Nikolaevsk bereits am 20. August die ersten Eier. Unter natürlichen Verhältnissen werden die Eier ausschließlich an Apfelzweige (*Pirus malus* und seine Zierformen) abgesetzt. Selten — bei besonders starkem Befall — fand ich einzelne Eier auch an Birne, noch seltener an Pflaume und Zwetsche. BRITTAIN (1922, S. 23—29, und 1922, S. 96—101) beobachtete das Gleiche, nur fand er auch gelegentlich Eier an Quitte (*Cydonia*) und *Sorbus*. Wie sich später die Larven einer fremdartigen Nahrung gegenüber verhalten, wird auf S. 54 erörtert werden. Das legereife Weibchen sucht vornehmlich die jüngeren Zweige auf, ganz besonders das Fruchtholz, aber auch die einjährigen Blatttriebe, deren Oberfläche mit mehr oder weniger dichtem Haarflaum bedeckt ist. Überall dort, wo sich Unebenheiten befinden, wird das Weibchen, das mit senkrecht auf der Unterlage schleifender Hinterleibsspitze die Zweige abtastet, veranlaßt, mit den Bohrbewegungen des Legeapparates zu beginnen (vgl. auch CH. H. RICHARDSON, 1925). Da sich

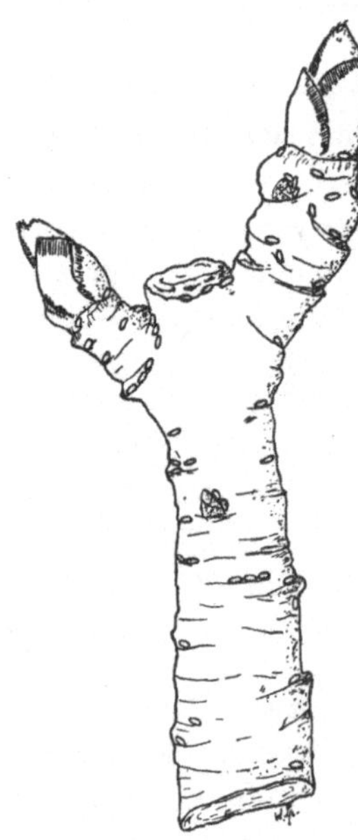

Abb. 31. Apfelzweig mit Eiern des Apfelsaugers. Vergrößert.

das Weibchen mit seiner Körperachse der Längsrichtung der Unebenheiten anpaßt, liegen auch die Eier in dieser Richtung (Abb. 31). Die Ansicht von AWATI (1915), daß die Längsachse der Eier zumeist in der Richtung der Zweigachse liegt, ist daher, wie bereits LEES (1916) festgestellt hat, irrtümlich. Hat das Weibchen einen geeigneten Punkt gefunden, so biegt es die Hinterleibsspitze weitmöglichst nach unten und zugleich vorwärts. Nachdem die Spitzen der inneren und der ventralen Gonapophysen in Tätigkeit getreten sind (s. o.), gleitet das Ei zwischen den verschiedenen Klappen und Spangen hindurch. Während die Spitzen der ventralen Gonapophysen aus ihrem Bohrloch zurückweichen, tritt der hohle Fortsatz des Eies in dieses hinein und wird nun von der elastisch

sich schließenden Rinde eingeklemmt (Abb. 32)[1]. Möglicherweise wird
durch das Sekret der „Kittdrüse" die Befestigung noch sicherer. Jedenfalls haften die Eier so fest, daß man die leeren Schalen nach dem Ausschlüpfen der Larven meist noch nach 1 Jahr und länger — trotz der
Unbilden der Witterung — an den Zweigen hängen findet. Jedes Ei
wird einzeln abgelegt und verankert. Dies hindert jedoch nicht, daß man
an geeigneten Stellen zahlreiche Eier dicht beisammen findet, oft in Ketten,

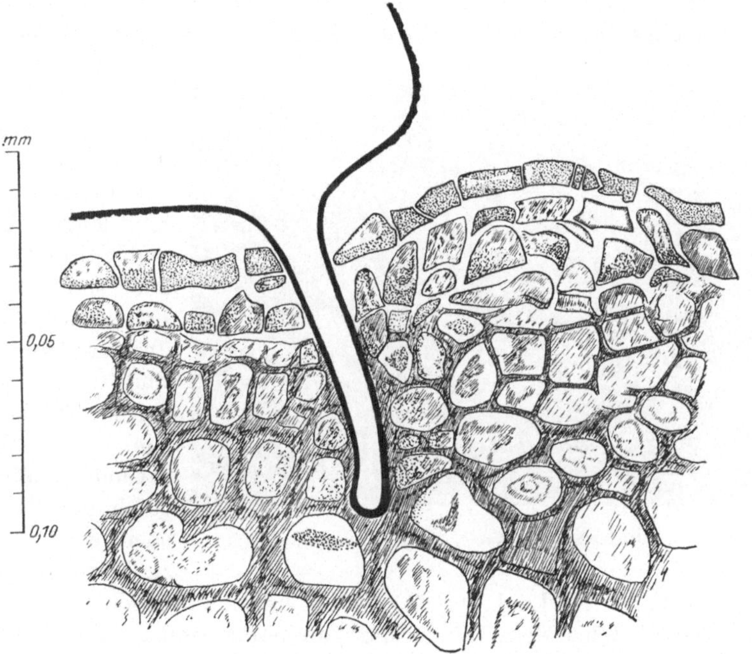

Abb. 32. Eifortsatz in der Rinde eines Apfelzweiges. Nach einem Paraffinschnitt. Der Inhalt aller
verkorkter Zellen ist punktiert.

aber auch in losen, unregelmäßigen Gruppen (Abb. 33). Dabei richtet
sich das Weibchen niemals nach einem bestimmten Schema, sondern
ausschließlich nach der Oberflächengestaltung der Zweige. Je stärker
die Rinde der Zweige gefaltet ist (Fruchtholz!), desto mehr Eier wird
man finden, denn die in den natürlichen Vertiefungen abgelegten Eier
haben hier den sichersten Schutz. Wenn die Längsachse eines Eies,
das sich auf einem aufrechten Zweig befindet, dessen Wachstumsrichtung
parallel läuft, so ist der freie Eipol in der Mehrzahl der Fälle nach oben
gerichtet. Das Weibchen scheint demnach beim Legegeschäft vornehmlich zweigaufwärts zu kriechen. Zur Feststellung der Vermehrungsgröße

---

[1] Die vom Legeapparat angeschnittenen Zellen verkorken später.

setzte ich 1926 und 1927 wiederholt Zuchtversuche im Freilande mit je
3—10 Pärchen an. Im Durchschnitt legte jedes Weibchen nur etwa
45 Eier, als höchste Durchschnittszahl einer Zucht erzielte ich 65 Eier
je Weibchen. Demgegenüber erzielte ich im Jahre 1925 in Naumburg
a. S. in zwei Einzelzuchten (je 1 ♂ und 1 ♀) 106 bzw. 186 Stück.
Wir werden demnach im Freilande bei günstiger Witterung annähernd
100 Eier von jedem ♀ erwarten dürfen.

Man kann immer wieder die Erfahrung machen, daß die einzelnen
Apfelsorten und — innerhalb jeder Sorte — die einzelnen Bäume verschieden stark mit Eiern besetzt sind. In erster Linie werden diejenigen
Bäume zur Eiab-
lage aufgesucht,
die viele Kurz-
triebe mit rauher
Rinde haben, wäh-
rend lange, dünne
und glatte Triebe
nur wenig An-
ziehungskraft aus-
üben. Andererseits
sind diese Ver-
hältnisse nicht al-
lein ausschlag-
gebend. Wind-
geschützte Bäume
oder solche, die
zur Zeit der Ei-

Abb. 33. Apfelsauger-Eier am Zweig. Etwa 15fach vergrößert.

ablage noch gut im Laub stehen, werden lieber aufgesucht als einzel-
stehende und daher dem Winde stark ausgesetzte oder kahle Bäume.
Daher sind große alte Bäume stets stärker mit Eiern besetzt als junge
Bäume. Bereits KOROLKOV (1915, S. 44/54) hat mit Nachdruck darauf
hingewiesen, daß jüngere und kleine isoliert liegende Anlagen ihrer
besseren Durchlüftung wegen geringer befallen sind als alte, große und
dichte Obstgärten. Ähnlich äußerte sich MIESTINGER (1917). Die Ab-
neigung der Apfelsauger gegen Wind geht so weit, daß man an der Seite
freistehender Bäume, die der Hauptwindrichtung (an der Niederelbe NW)
abgekehrt ist (Lee), etwa doppelt so viele Eier findet wie an der Wind-
seite (Luv). Im Innern größerer Obstanlagen hat die Windrichtung auf
die Eiablage naturgemäß keinen nennenswerten Einfluß. Nur die
höchsten, dem Winde besonders ausgesetzten Zweigspitzen haben
dort einen etwas geringeren Besatz mit Eiern als der Durchschnitt
der übrigen Zweige des gleichen Baumes. Für die gelegentlich ge-
äußerte Ansicht, daß der Apfelsauger vor allem die physiologisch

schwachen Bäume befällt, konnten sichere Beweise bisher nicht erbracht werden.

Da die einzelnen Sorten verschieden gestaltete Zweige besitzen, zu verschiedenen Zeiten im Herbst das Laub abwerfen und sich auch sonst morphologisch unterscheiden, werden sie auch nicht in gleicher Weise von den legereifen Weibchen aufgesucht. Aus zahlreichen Eierzählungen während der Winter 1925/26—1927/28 ergeben sich folgende Durchschnittsbefallzahlen und damit eine — für das niederelbische Gebiet geltende — Reihenfolge der Sorten:

Altländer Schurapfel	9,6 Eier je 10 cm Zweiglänge	
Gravensteiner	9,9 ,, ,, 10 ,, ,,
Altländer Pfannkuchen	11,1 ,, ,, 10 ,, ,,
Glockenapfel	13,2 ,, ,, 10 ,, ,,
Schöner v. Boskoop	13,5 ,, ,, 10 ,, ,,
Weißer Klarapfel	13,8 ,, ,, 10 ,, ,,
Horneburger Pfannkuchen . .	15,0 ,, ,, 10 ,, ,,
Signe Tillisch	16,0 ,, ,, 10 ,, ,,
Grahams Jubiläumsapfel . . .	17,1 ,, ,, 10 ,, ,,
Transparent v. Croncels . . .	17,6 ,, ,, 10 ,, ,,
Coulon Reinette	17,7 ,, ,, 10 ,, ,,
Lord Grosvenor	23,7 ,, ,, 10 ,, ,,
Jacob Lebel	26,1 ,, ,, 10 ,, ,,

Weiter unten wird die Empfindlichkeit der einzelnen Sorten erörtert werden, die keineswegs mit der Belegungsstärke übereinstimmt.

3. Ei.

Über den Verlauf der Verfärbung, die man an den Psyllaeiern beobachten kann, wurde auf S. 28—30 berichtet. Auch auf die Tatsache, daß unbefruchtete Eier dauernd weiß bleiben, wurde bereits hingewiesen. Sehr auffallend ist nun die gelegentlich zu beobachtende große Zahl von unbefruchteten Eiern. So waren an der Niederelbe 25% weißbleibender Eier nicht selten, im Höchstfalle sogar 78%! Auch THEOBALD (1909, S. 153—165) berichtet von gelegentlich bis 80% unbefruchteten Eiern. Es unterliegt keinem Zweifel, daß solche Verhältnisse anormal sind, und ich konnte sie in der Tat nur als Nachwirkung bestimmter Spritzmittel feststellen (s. u.). Unter natürlichen Lebensbedingungen sieht man unbefruchtete Eier nur selten. Es ist aber nicht unmöglich, daß auch besondere, vom Normalen abweichende Witterungsbedingungen oder ein ungünstiges Zahlenverhältnis der Geschlechter gelegentlich zu einer mangelhaften Befruchtung zahlreicher Eier führen können. Damit würde die Beobachtung einiger Forscher und Praktiker, daß manchmal auch ohne Durchführung von Bekämpfungsmaßnahmen nur ein Teil der Eier ausschlüpft, erklärt werden (WITTMANN, 1916; REH, 1917). Denn daß etwa normal befruchtete Eier durch das Winterwetter abgetötet werden, ist sehr unwahrscheinlich; an der Niederelbe jedenfalls konnte niemals dergleichen beobachtet werden (vgl. S. 42).

Von zahlreichen Forschern (u. a. FURLEY, 1907) ist vermutet worden, daß die Entwicklung der Embryonen und das Ausschlüpfen der Larven durch die Lebensprozesse der als Träger der Eier dienenden Apfelbäume beeinflußt werden[1]. Ebenso wie alle Blattläuse bei der Geburt mit dem aboralen Körperpol zuerst aus ihren virginogenen Müttern hervorkommen, so beherbergt auch das Psyllaei in der zuerst abgelegten und mit seinem Fortsatz in der Rinde verankerten Hälfte das Hinterende des Embryos. Es liegt also nicht etwa der Rüssel des Embryos in dem verankerten Eifortsatz. Ganz abgesehen davon, daß hiernach eine ständige Verbindung zwischen dem Verdauungstractus des Em·bryos und den Saftbahnen der Apfelzweige nicht bestehen kann, ist auch der verankerte Fortsatz von einer durchaus soliden Cuticula überzogen — wie ich an zahlreichen Serienschnitten einwandfrei feststellen konnte. Es könnten dagegen die bei beginnendem Saftsteigen im Frühjahre eintretenden Druckveränderungen in der Rinde, die natürlich auch den eingeklemmten Eifortsatz treffen, als physikalischer Entwicklungsreiz Bedeutung haben. Zur Klärung dieser Frage unternahmen wir im Februar 1927 ein Experiment. Ein frisch abgeschnittener Zweig wurde mit seiner Schnittfläche in einer mit SACHSscher Nährlösung gefüllten Glasröhre fest eingepaßt. Alsdann ließ ich auf die Nährlösung den Druck einer etwa 600 mm hohen Quecksilbersäule einwirken. Trotzdem schlüpften die an einem — abgesehen vom Druck — unter den gleichen Bedingungen gehaltenen Kontrollzweig befindlichen Eier keineswegs später. Noch zwei weitere Beobachtungen sprechen dafür, daß der angenommene enge innere Zusammenhang zwischen Zweig und Rinde nicht besteht. In einem Obsthof des Alten Landes waren Anfang Februar 1926 zahlreiche Apfeläste ausgesägt und auf der Erde aufgeschichtet worden. Die an diesen Zweigen befindlichen Eier entließen die Junglarven zur gleichen Zeit wie dies auf den danebenstehenden Bäumen geschah. Schneidet man Apfelzweige bereits im November oder Dezember ab und stellt sie in einem Gewächshaus in Wasser, so gelingt es zwar, den Zweig vorzutreiben und die Knospen bis zur Blüte zu entwickeln, die Eier sterben jedoch regelmäßig ab. Erst im Februar[2] läßt sich die Entwicklung der Eier durch erhöhte Wärmezufuhr mit Sicherheit beschleunigen. Die notwendige Ruheperiode stimmt demnach unter natürlichen Bedingungen mit derjenigen der Apfelbäume ziemlich genau überein, sie ist aber zeitlich sehr viel fester fixiert. Immerhin setzt die Entwicklung im Freilande je nach der Witterung früher

---

[1] Diese Hypothese wird u. a. auch von WITTMANN (1919) und von MINKIE-wicz (1927, II) aus verschiedenen ernsthaften Gründen abgelehnt.

[2] SCHMIDBERGER (1837) gelang das Vortreiben erst im März.

oder später ein. So fanden wir im Jahre 1926 die ersten Eier mit dunklem
Pol („Eizähne", s. o. S. 30) erst gegen Mitte März, im Jahre 1927 dagegen bereits zu Anfang dieses Monats. Wenn zwei längliche Streifen
beiderseits der dunklen Punkte am oralen Eipol durchschimmern (es
sind die Thorakalsklerite des Embryos), steht das Ausschlüpfen der
Larven innerhalb 2—3 Tagen bevor (MINKIEWICZ, 1927, II). Das Ausschlüpfen selbst dauert etwa 15—30 Minuten (MINKIEWICZ, a. a. O.).

Daß die leeren, alsdann grau-weiß aussehenden Eischalen nach dem
Ausschlüpfen der Larven noch lange an den Zweigen hängen bleiben,
wurde bereits gesagt. Dadurch, daß sich Algen und Kleinpilze auf
ihnen ansiedeln, werden sie allmählich grünlichgrau; man kann sie nur
bei genauerer Untersuchung finden. Mitunter sind sie erst nach länger
als 1 Jahre so weit verwittert, daß ihre Reste von Wind und Regen
vollends beseitigt werden können.

4. Larve.

Man kann an der Niederelbe die ersten Larven Anfang April erwarten, d. h. etwa 14 Tage nach Ausbildung der Eizähne. Niemals aber
erscheinen alle Larven schlagartig zur gleichen Zeit, das Ausschlüpfen
dehnt sich sogar recht lange hin. Mitte April kann man noch recht
viele ungeschlüpfte Eier finden und einige sogar noch gegen Ende April.

Sehr bald, nachdem die Larven die Eischale verlassen haben, treten
sie den Marsch zu den Knospen an. Wenngleich sich die Mehrzahl der
Eier in der Nähe der Knospen befindet, müssen doch manche Larven
einen recht erheblichen Weg zurücklegen, bis sie zu ihrem Ziele ge-
langen. Dank ihrer verhältnismäßig schlanken Gestalt und der Länge
ihrer Beine (vgl. Tabelle 1 S. 35) sind sie hierzu gut befähigt. Bei einem
im Laboratorium durchgeführten Versuch legte eine Junglarve bei 15° C
in 45 Minuten eine Strecke von rund 70 cm auf einer ebenen Glasplatte
zurück (1,5 cm in 1 Minute). Auch nach Ablauf dieser Zeit setzte die
Larve ihre Wanderung in gleicher Geschwindigkeit fort, die Beobachtung
mußte jedoch abgebrochen werden.

Die Knospen, das Ziel der Wanderung, werden in der Hauptsache
rein zufällig gefunden, dann aber mittels des Geruchssinnes als solche
erkannt und selten wieder verlassen. Die dickeren Fruchtknospen
werden den Blattknospen zumeist vorgezogen. Weder positiver noch
negativer Geotropismus war nachweisbar, dagegen ist eine deutliche,
wenn auch schwache Lichtstrebigkeit vorhanden.

Im allgemeinen sind an der Niederelbe Ende März bis Anfang April
die Apfelknospen schon so stark angeschwollen, daß die braunen Knospenschuppen sich lockern und somit den Larven die Möglichkeit zum
Eindringen bieten. Wenn auch die Larven dank ihrer flachen Gestalt
befähigt sind, sich durch sehr schmale Spalten zu zwängen, so haben

sie andererseits nicht die Kraft, noch festschließende Knospenschuppen auseinanderzudrängen. Oft sieht man ganze Ansammlungen von Larven darauf warten, daß sich die noch geschlossenen Knospen öffnen. Nach Awati (1915) und Brizovsky (1915) können die Junglarven 2—3 Tage ohne Nahrung am Leben bleiben. Da ich mehrfach die gleiche Lebensdauer im geheizten Zimmer beobachtete, dürften die Larven im Freilande bei gleichmäßig kühler Frühjahrstemperatur noch länger leben können. Daß die ungeschützten Junglarven auch Frostnächte überstehen können, lehrt ein Versuch, den ich Mitte Februar 1927 mit Larven einer Gewächshauszucht vornahm. Am 14. Februar morgens wurden bei —4,8⁰ C fünf Larven in einer Petrischale an einen schattigen Platz des Versuchsgartens gestellt. Bis zum Vormittag des 16. Februar waren drei Larven tot, während zwei noch lebten. Die Durchschnittstemperatur des 14. Februar betrug 0,85⁰, das Minimum des 15. Februar 0,4⁰. Am Morgen des 16. Februar zeigte das Thermometer 0,6⁰. Wenn somit die spät austreibenden Apfelsorten einen gewissen Schutz genießen, so werden auch sie gleichwohl niemals vollkommen von Apfelsaugern frei bleiben, da sich — wie eben erwähnt — das Ausschlüpfen der Eier von Ende März bis fast gegen Ende April hinzieht, und daher immer neue Angriffswellen frisch geschlüpfter Larven auf die täglich dicker werdenden Knospen anrollen.

Wir sahen oben, daß die Apfelsaugereier gelegentlich auch an Zweigen anderer Bäume gefunden werden. Es erhebt sich die Frage, ob die dort ausschlüpfenden Larven von der gebotenen Nahrung befriedigt werden und ob sie sich normal entwickeln können. Nach den bisher in Stade durchgeführten Laboratoriumsversuchen scheint es, daß die Larven in Birnen- und Weißdornknospen gesund heranwachsen können, obwohl sie häufig bestrebt sind, von der immerhin nicht ganz zusagenden Futterquelle abzuwandern. Dagegen dürften Sauer- und Süßkirsche, Schlehe, Pflaume und Zwetsche sowie Rose als Nährpflanzen nicht in Betracht kommen. Schøyen (1917) berichtet von drei Fällen, in denen Weißdornhecken schwer vom Apfelsauger befallen waren. Reuter (1881) nennt als Nährpflanzen neben dem Apfel die Eberesche (*Sorbus aucuparia*). Ich möchte hinter diese Angabe ein Fragezeichen setzen, noch mehr aber, wenn der gleiche Autor (1873 und 1876) außer den genannten Bäumen auch *Ulmus* und *Corylus* aufzählt. Der Irrtum dürfte durch vagabundierende Imagines (s. S. 45—47) verursacht sein. Vielleicht liegt bei den Funden auf der Eberesche eine Verwechslung mit *Psylla sorbi* L. vor (Edwards, 1918).

Wenn sich die Larven durch die Knospenschuppen hindurchgezwängt haben, beginnen sie sofort mit der Nahrungsaufnahme, die sie mit nur geringen Unterbrechungen bis zur letzten Häutung fortsetzen. Sie saugen mit Vorliebe an den Stielen der jungen Blütenknöspchen und der Blätter, aber auch an den jungen Blattspreiten und Blütenknöspchen selber. Anscheinend muß die aktive Saugtätigkeit der Larven durch den Saftdruck in den Geweben des Apfelbaumes unterstützt werden, denn es gelang mir nicht, die Larven an einzelnen Knospen oder jungen Blättchen in Embryoschalen weiter zu züchten.

Als Folge der Nahrungsaufnahme setzt sehr bald[1] die Kotabgabe ein. Die Gefahr, daß der flüssige, stark zuckerhaltige Kot den gesamten Inhalt der Knospen in einer für die Larven lebensgefährlichen Weise

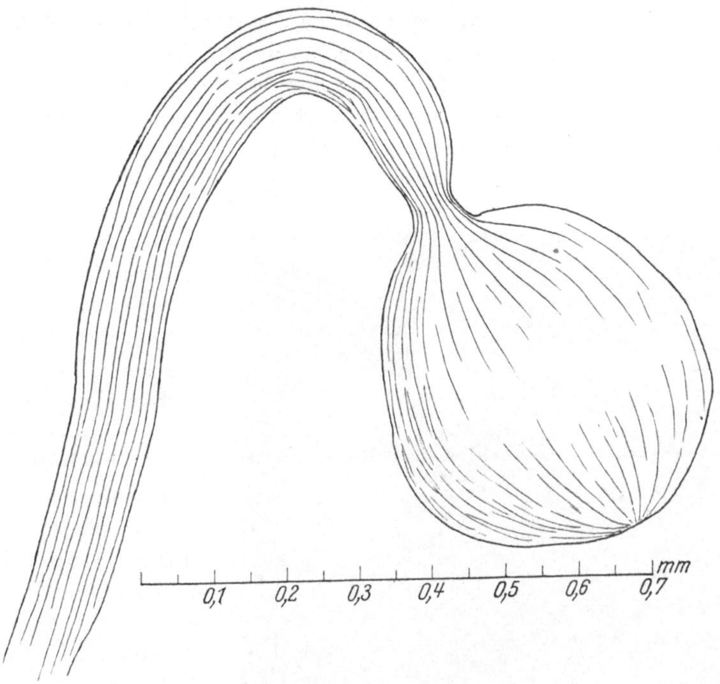

Abb. 34. Kotblase einer Larve im IV. Stadium.

verklebt, ist in ähnlicher Weise wie bei manchen gallenbewohnenden Aphiden durch Umhüllung des Kotes mittels Wachs beseitigt. Wir sahen oben, daß die Afteröffnung der Larven von einem doppelten Wachsdrüsenkranz umgeben ist. Offenbar sind es die Sekretfäden· des inneren Ringes, die sich um die austretenden Kottropfen herumlegen und sie dadurch zu kleinen, mattweiß glänzenden Wachsperlen verwandeln. DE GEER (1780) spricht von „ovalrunden, weißen, hellen, durchsichtigen, klebrichten, gummichten Klümpchen". Löw (1876) ist noch der Ansicht, daß die Kottropfen selber an der Luft eine Wachs-

---

[1] Nicht erst nach der ersten Häutung, wie manche Autoren berichten (z. B. ORMEROD, 1898, S. 42).

umhüllung abscheiden. Daß die Oberfläche der Perlen in der Tat aus zahlreichen, dicht nebeneinanderliegenden Wachsfäden besteht, die an-

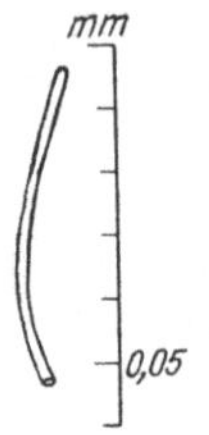

Abb. 35. Blaugrün irisierender Wachsfaden einer Larve im IV. Stadium.

scheinend weniger durch Verschmelzung als durch Adhäsionskräfte fest zusammengehalten werden, läßt sich bei stärkerer Vergrößerung leicht erkennen (Abb. 34). Bei Bewegungen der Larve reißt die Kotperle gelegentlich ab und wird sehr bald durch eine neue ersetzt. Später, wenn die Larven mehr frei in den geöffneten Knospen sitzen, wird die Perle häufig durch den nachfolgenden Kot abgedrängt (Abb. 36), bleibt aber durch eine kotgefüllte Wachsröhre noch längere Zeit mit dem After in Verbindung (vgl. auch Löw, 1884, S. 144). Bei erwachsenen Larven können diese Wachsröhren eine Länge von 4—6 mm erreichen. Der niedertropfende Kot bedeckt schließlich alle Blätter mit einer glänzenden Lackschicht (Honigtau), die infolge ihies Zuckergehaltes nicht nur mancherlei Fliegen und andere Insekten anlockt, sondern auch ein vortrefflicher Nährboden für allerlei Schwärzepilze ist. HAHN (1910) beobachtete anläßlich eines schweren Schadauftretens bei Coburg, daß sogar der Boden unter den Bäumen vom Honigtau naß war. Im niederelbischen Befallsgebiet war das Fell des Weideviehes vom abtropfenden Psyllakot widerlich verschmiert. Sobald die Knospen sich öffnen,

Abb. 36. Apfelblütenbüschel mit kotenden Psyllalarven.

kann man bemerken, daß auch der äußere Drüsenring Wachsfäden absondert, die als zarte, grünlich irisierende Wolle den Leib der Larven teilweise decken (Abb. 35). Da die Larven zumeist mit abwärts gerichtetem Kopfe zwischen den Blütenknospen stecken, wird gerade ihr Abdomen, das am wenigsten verborgen ist, durch die Wachsfäden geschützt.

Je nach ihrem Alter und dem Entwicklungszustande der Knospen, auch in Abhängigkeit von der herrschenden Witterung nehmen die Larven mehr oder weniger große Ortsveränderungen vor. Während sie als II. Stadium in den noch ziemlich geschlossenen Knospen geschützt sind und daher ohne sich viel zu bewegen (vgl. die geringe Beinlänge, Tabelle 1, S. 35) auch auf den Blattspreiten saugen können, dringen sie stets bis zum Grunde der Knospen vor, wenn diese sich öffnen. Sie genießen dort größeren Schutz sowohl gegen tierische Feinde aller Art wie gegen die austrocknende Wirkung von Sonne und Wind. An Tagen mit besonders hoher Luftfeuchtigkeit findet man viel mehr Larven frei in den oberen Teilen der Knospenbüschel als an trocknen Tagen. Vom III. Stadium an müssen die Larven immer häufiger innerhalb der lebhaft wachsenden Blütenbüschel

Abb. 37. Unterseite eines Apfelblattes mit Nymphenhäuten. Natürliche Größe.

ihren Ort wechseln. Im Zusammenhange hiermit sehen wir eine stetige Zunahme der Beinlängen (s. Tabelle 1, S. 35)

Wenn die einzelnen Blütenknospen kurz vor der Entfaltung stehen (unter den hiesigen Verhältnissen etwa Mitte Mai), haben sich die Blütenbüschel so weit gelockert, daß die Larven selbst am Grunde der Blatt- und Blütenstiele nur noch mangelhaft geschützt sind (Abb. 36). Einige dieser größtenteils im IV. Stadium stehenden Tiere kriechen daher nun in die Blüten selbst hinein und saugen dort an Staubgefäßen und Stempeln. Ihr Aufenthalt hier dauert jedoch nicht lange, meist nur bis zur vollen Öffnung der Blüte; dann verteilen sich die Larven wieder an den Blatt- und Blütenstielen und saugen auch nicht selten an den Frucht-

knoten und den sich bildenden jungen Früchten. Bereits Mitte Mai
haben die ältesten Individuen ihr letztes, das V. Stadium (Nymphe) erreicht. Kurz vor der Häutung zur Imago, Ende Mai, kriechen sie mit
ihren langen Extremitäten (vgl. Tabelle 1, S. 35) auf die Unterseite
eines Blattes, wo sie sich mit den Beinen anklammern und — wie bei
allen vorhergehenden Häutungen — durch Einbohren der Stechborsten
in das Blatt fest verankern. Nach Awati (1915, S. 256) ist allein die
Nymphe positiv, alle anderen Larvenstadien negativ heliotropisch. Da
die an der Unterseite der Blätter sitzenden Nymphen kaum mehr Licht
erhalten als bei ihrem Aufenthalt an den Blütenstielen, dürfte irgend
ein anderer, noch nicht erkannter Reiz von größerer Bedeutung für
diese Wanderung sein. Die Rückenhaut der Nymphe platzt schließlich
vom Kopf bis zum Metanotum auf, so daß die junge Imago heraus-
schlüpfen kann. Die zunächst noch zusammengefalteten mattweißen
Flügel wachsen in kurzer Zeit zur normalen Größe und Durchsichtigkeit
aus. Die leeren Nymphenhäute bleiben je nach der Witterung noch
tagelang oder sogar wochenlang an den Blättern hängen (Abb. 37).
Noch länger, oft noch im Spätsommer, kann man die jüngeren Larvenhäute im Innern vertrockneter Blatt- oder Blütenbüschel finden.

5. Folgen des Larvenfraßes.

Es ist selbstverständlich, daß der kleine Apfelsauger an den großen
Apfelbäumen nur dann merkliche Schäden verursachen kann, wenn er
in großer Zahl vorhanden ist. Nach meinen Beobachtungen scheinen
1—2 Psyllalarven je Blütenbüschel für sonst gesunde und gut ernährte
Bäume bei einigermaßen normaler Witterung noch fast ungefährlich
zu sein. Diese Einschränkung dürfte im Sinne von Reh (1927, S. 9—11)
sein, der die Ansicht vertritt, daß die Gefährlichkeit des Apfelsaugers
anscheinend überschätzt wird. Wenn dagegen auf jede Einzelblüte eine
Larve, auf das ganze Blütenbüschel daher etwa vier Larven kommen,
so kann man bereits einen merklichen Schaden erwarten. Viele Autoren
haben erheblich mehr Larven gefunden, wir zählten bis zu 78 Stück je
Blütenbüschel. In solchen Fällen müssen die Schäden sehr beträchtlich werden.

Der durch starken Befall entstehende Schaden wird im folgenden
genauer beschrieben:

Die von den Junglarven im Innern der aufbrechenden Knospen
verbrauchte Nahrung ist noch nicht sehr groß Daher besteht der
Schaden zunächst vornehmlich darin, daß die jungen Blütenknospen
und die noch zusammengefalteten Blätter durch Honigtau und Wachs
verklebt und somit nicht nur mechanisch im Wachstum gehindert,
sondern auch später in der Assimilationstätigkeit gestört werden. Sehr

bald aber macht sich der Saftverlust unmittelbar bemerkbar, da die
Junglarve, um das II. Larvenstadium zu erreichen, ihr Volumen annähernd um das Vierfache vermehren muß. Überdies geht aus der
starken Kotabgabe und dem hohen Zuckergehalte des Kotes deutlich
hervor, daß die Larven im Verhältnis zu ihrer Größe und Wachstums-
geschwindigkeit sehr große Mengen Saft verbrauchen. Da nun die
älteren Larven ihr Nahrungsbedürfnis vornehmlich am Grunde der
Blatt- und Blütenstiele befriedigen, also den für die Ausbildung der
jungen Organe bestimmten Saft schon vor dem Ziele abfangen, müssen
verheerende Folgen eintreten. Nach THEOBALD (1904) sind die Schäden

Abb. 38. Apfelzweig mit schwerem Psyllaschaden; sämtliche Blütenbüschel sind vertrocknet.

größer bei kühler als bei warmer Witterung. Man darf wohl annehmen,
daß die Psyllalarven, ebenso wie das von vielen anderen Rhynchoten
bekannt ist, das Sekret der im Thorax gelegenen und von WITLACZIL
(1885) beschriebenen Speicheldrüsen in den Stichkanal einfließen lassen
und hierdurch eine gewisse Vergiftung des Zellsaftes verursachen.
BRITTAIN (1922, S. 23—29) glaubt freilich, daß die Psyllastiche nicht
so giftig sind wie diejenigen von *Lygus communis* KNIGTH. Die befallenen
Blütenbüschel und Blätter leiden an schwerer Unterernährung, sie bekommen keine frische und saftige, sondern mehr staubgrüne Farbe, sie
bleiben klein, vielfach gekrümmt und die meisten vertrocknen schließlich
vollständig (Abb. 38). Der Laie ist leicht geneigt, diese Erscheinungen
als Frostwirkungen zu betrachten. Da die trocknen Blätter und braunen

Blütenbüschel noch bis in den Herbst hinein an den Zweigen haften bleiben, unterscheidet sich das Schadbild deutlich von den durch Fusicladium verursachten Erscheinungen, eher könnte man daran denken, daß es durch Monilia (*Sclerotinia fructigena* Schröt., ,,brown rot fungus") verursacht ist (Theobald, 1909, S. 153—165). Dieses Hängenbleiben der vertrockneten Blütenbüschel ist freilich nicht im Sinne

Abb. 39. ,,Winter-Gravensteiner" mit sehr schweren Psyllaschäden trotz Winterbehandlung mit 33%iger Schwefelkalkbrühe (sehr empfindliche Sorte).

Theobalds auf die Klebrigkeit des Honigtaues zurückzuführen. Infolge des vorzeitigen Absterbens der Blätter usw. ist vielmehr die für einen Laubfall notwendige Korktrennungsschicht an der Blattstielbasis nicht zur Ausbildung gekommen. Derartig schwer geschädigte Bäume tragen keine Frucht, ihre Belaubung ist lückenhaft, die vorhandenen Blätter sind klein und trocken. Erst mit dem Johannistrieb wird der Blattverlust teilweise ausgeglichen (Abb. 39). Brittain (1922, S. 96—101) beobachtete, daß stark befallene Apfelbäume gegen Ende Juni bei

Regenwetter zahlreiche grüne Blätter und außerdem von Mitte Juni an mehrere Wochen lang viele gelbe Blätter verloren[1].

Wo der Befall weniger schwer ist, kann der Baum noch zu scheinbar normaler Blüte[2] kommen. Immerhin sind zahlreiche Blüten innerlich bereits so geschwächt, daß sie keine Frucht ansetzen können. Aber auch die Mehrzahl der heranwachsenden Früchte zeigt die Folgen des Psyllabefalles. Die Äpfel bleiben an den Stellen, wo der Fruchtknoten durch das Saugen der Larven und — später — der Imagines geschädigt worden ist, im Wachstum zurück; es entstehen verkrüppelte Früchte (Abb. 40), von denen noch viele, besonders wenn auch ihre Stiele Saugstellen besitzen, halbreif zu Boden fallen (vgl. auch KRAUS, 1913; GLASENAPP, 1913; BÖTTNER, 1916 und HEESCHEN, 1916). Ähnliche Fruchtschädigungen kennen wir aus Nordamerika. Dort ist das Krüppelwachstum vielfach durch das Saugen einiger Wanzen (z. B. *Heterocordylus malinus* REUTER und *Lygidea mendax* REUTER) verursacht (SLINGERLAND & CROSBY[3], 1924, S. 28 bis 31).

Abb. 40. Durch das Saugen von *Psylla mali*-Larven verkrüppelter Apfel.

Das gleiche wird von der Blattlaus *Aphis sorbi* KALT. („rosy aphis") berichtet (PARROT, HODGKISS & HARTZELL, 1919; SLINGERLAND & CROSBY, a. a. O. S. 142ff.).

Wie oben bereits erwähnt wurde, siedeln sich oft auf den von Honigtau überzogenen Teilen der Bäume Schwärzepilze an, die offenbar durch Lichtentzug die Assimilationstätigkeit der Blätter herabzusetzen vermögen, wenn sie auch unmittelbar nicht schädlich sein sollen.

Nach BRITTAIN (1923, S. 53—72 und S. 176—188) werden Apfelblätter mit Psyllasaugstellen häufiger und schwerer durch die zur

---

[1] Das an der Niederelbe in den Sommermonaten mehrfach beobachtete plötzlich einsetzende Abfallen zahlreicher, anscheinend gesunder Blätter dürfte zwar auch mit dem starken Psyllabefall zusammenhängen, wenngleich die primäre und stärkste Ursache des Blattfalles in den eigenartigen Bodenverhältnissen zu suchen sein wird (SPEYER, 1926, S. 95—97; ROTHE, 1928).

[2] Nach NIKOLKY (1927) erreichen Apfelblütenstecher (*Anthonomus pomorum*) nicht die normale Größe, wenn sich ihre Larven in Blütenknospen entwickeln, an denen Psyllalarven saugen.

[3] SLINGERLAND, M. V. und C. R. CROSBY: Manual of Fruit Insects. New York 1924.

Fusicladiumbekämpfung gebräuchlichen Bespritzungen mit Kupferkalkbrühe geschädigt als vollkommen gesunde Blätter. BRITTAIN vermutet, daß die Kupfersalze durch die Stichstellen ins Innere des Blattes
eindringen und hierdurch Gewebezerstörungen („Verbrennungen")
hervorrufen (vgl. S. 45). An der Niederelbe wurde dies nicht mit Sicherheit beobachtet. Da wir aber ähnliche Spritzschäden von solchen Blättern
kennen, auf denen sich bereits vor der Behandlung der Fusicladiumpilz
angesiedelt und damit die schützende Cuticula zerstört hat, dürfte unseres
Erachtens die Deutung BRITTAINS zutreffend sein.

Die verschiedenen hier aufgezählten Schädigungen verursachen
schließlich bei mehrjährigem Befall eine Schwächung des ganzen
Baumes. Dies macht sich zunächst dadurch bemerkbar, daß das
Fruchtholz für das nächste Jahr sowohl quantitativ wie qualitativ ungenügend ausgebildet wird. Die etwa zur Reife gelangenden Früchte
besitzen anscheinend nicht vollständig das der Sorte eigentümliche
Aroma. Schließlich hört fast jeder Zuwachs auf, zahlreiche Zweige
sterben ab (WITTMANN, 1916), und die Bäume machen einen schwer
kranken Eindruck. Daß Bäume vollständig absterben, dürfte indessen
selten sein. Die hier beschriebenen Schädigungen würden sich noch viel
schneller katastrophal auswirken, wenn nicht die Psyllaimagines so
verhältnismäßig harmlos wären. Aus diesem Grunde aber ist es den
durch den Larvenbefall geschwächten Bäumen zumeist möglich, die
Johannistriebe ungefährdet zu entwickeln und mit ihrer Hilfe noch
einiges Reservematerial aufzuspeichern. Diese gesunden Johannistriebe
heben sich ganz auffallend aus den blattarmen Psyllaapfelbäumen
heraus (vgl. Abb. 39). Daß sich Psylliden auch anders verhalten können,
zeigt das Beispiel der Citruspsylla (*Diaphorina citri* KUWS.), die bis
zu neun Generationen jährlich bildet, so daß die befallenen Bäume infolge des ununterbrochenen Saftverlustes nach 2—3 Jahren absterben.

6. Empfindlichkeit der Sorten.

Zahlreiche Autoren haben Notizen über die Befallsstärke bzw.
Empfindlichkeit der verschiedenen Apfelsorten veröffentlicht. Nicht
überall sind beide Begriffe streng geschieden worden, obwohl die Befallsstärke — wie oben (S. 50 und 51) mitgeteilt — zumeist von
mehr äußeren Eigentümlichkeiten der Sorten abhängt (Zeitpunkt des
herbstlichen Laubfalles, Form der Zweige, Zeitpunkt des Austreibens
im Frühjahr), während die Empfindlichkeit ausschließlich von der
inneren Widerstandskraft abhängt. Folgende Meldungen liegen vor:

Fruit tree pests-aphides and apple sucker (1927). „Royal Jubilee"
oft schwer geschädigt.

FRYER (1921). „Bramley's Seedling" wird wenig befallen.

FURLEY (1907) meldet, daß stets die Sorten mit den kürzesten Blütenstielen
am schwersten befallen sind.

Theobald (1908, S. 55—73; 1909, S. 153) berichtet, daß die Sorte „Ecklinville" sehr widerstandsfähig ist, dagegen die „Worcester Parmain" überall am empfindlichsten. Am schwersten befallen waren: Blenheim Orange, Wellington, Lord Grosvenor, Lanes Prince Albert, Quarrenden.

The Market Fruit (1914). Alte Bäume und Sorten mit kurzstieligen Blüten werden am schwersten befallen: Beauty of Bath, Lord Derby, Lady Sudely, Lord Grosvenor, Lanes Prince Albert.

Kraus (1915). Besonders stark werden befallen: Gravensteiner, Kaiser Alexander, Englische Granatreinette, Apfel aus Croncels.

Wittmann (1916). Am schwersten befallen werden: Ribston Pepping, Goldparmäne, Goldreinette von Blenheim, Gravensteiner, Schöner von Boskoop, Kaiser Alexander, London Pepping, Ernst Bosch, Lord Grosvenor. Weniger stark befallen: Zuccalmaglios Reinette, Gelber Bellefleur, Canada Reinette, Signe Tillisch. Schwach befallen werden: Strarwalds Goldparmäne, Manks Küchenapfel. Fast nicht befallen: Lütticher Ananas Kalvill (vgl. auch S. 113).

Hauptstelle Brandenburg (1924). Die früh treibenden Sorten werden am schwächsten befallen.

Heeschen (1910, S. 270). Besonders stark an Nathusius Taubenapfel, Schöner von Boskoop, Herrenapfel, Halberstädter Jungfernapfel, Coulon Reinette.

Naumann (1915). Besonders an Grasapfel und Maibier-Parmäne.

Nach den mir von Herrn Professor Braun-Stade freundlichst zur Verfügung gestellten Notizen seiner im niederelbischen Obstbaugebiet gesammelten Beobachtungen leiden stark: Altländer Pfannkuchen, Schöner von Boskoop, Coulon Reinette, Cox Orangen Reinette, Fettapfel, Hagedorn-Apfel, Herbstprinz, Otterndorfer Prinz, Winter Rambour. Es leiden wenig: Altländer Schurapfel, Doppelboiken, Geflammter Kardinal, Horneburger Pfannkuchen, Katharina Adelheid. Desgleichen leiden wenig trotz schweren Befalls: Jacob Lebel und Lord Grosvenor.

Meine Erfahrungen decken sich im wesentlichen hiermit. Am schwersten leiden offenbar: Coulon Reinette, Gravensteiner, Schöner von Boskoop, Transparent von Croncels. Recht widerstandsfähig sind: Altländer Schurapfel, Canada Reinette, Graue Reinette, Lord Grosvenor, Jacob Lebel, Weißer Klarapfel, Glockenapfel, Grahams Jubiläumsapfel.

Da natürlich der Schaden von der Stärke des Befalles abhängig ist, und da der Befall je nach dem Standort und nach der in den einzelnen Jahren verschiedenen Menge von Fruchtholz wechselt (s. o.), lassen sich viele Widersprüche in den Berichten der Autoren leicht erklären.

7. Arbeitsmethoden zur Feststellung der Befallsstärke.

Es läßt sich zu allen Zeiten des Jahres mit einfachen Mitteln feststellen, ob die zu untersuchenden Apfelanlagen in nennenswertem Umfange vom Apfelsauger heimgesucht sind. Mit Hilfe einer schwachen Lupe können im Herbst und Winter die Eier am Fruchtholz und im

Frühling die Larven in den Blütenknospenbüscheln leicht erkannt werden. Im Sommer macht es keine Schwierigkeit, die alten Larvenhäute an vertrockneten Blütenknospen und auf der Unterseite der Blätter zu finden oder die Imagines durch ruckartiges Erschüttern der Äste aufzujagen. Überdies gibt schon das charakteristische Schadbild einen recht sicheren Hinweis auf das Vorhandensein des Apfelsaugers.

Für genauere Untersuchungen genügen aber diese einfachen Methoden nicht, besonders wenn es sich darum handelt, das mit den Jahren wechselnde An- und Abschwellen des Befalles zahlenmäßig zu erfassen.

Sehr zuverlässig ist die Zählung der Eier. Zu diesem Zweck werden von den zu untersuchenden Bäumen, getrennt nach Sorten und Standort, mehrere etwa 1,50 m lange Zweige abgeschnitten, genau bezeichnet und bis zur Untersuchung an einem kühlen Ort aufbewahrt. Zur Untersuchung, die mit Hilfe schwach vergrößernder Binokulare vorgenommen wird, dienen nur die Kurztriebe, Zweigspitzen und Seitenzweige bis zu 1 cm Durchmesser; alles stärkere Holz, an dem sich doch nur wenige Eier befinden, wird nicht benutzt. Die ausgesuchten Zweigspitzen usw. werden nunmehr mittels einer Gartenschere in kürzere, höchstens 15 cm lange Stücke zerteilt. Je stärker die Belegung mit Eiern ist, desto kleiner müssen — zur Erleichterung der Arbeit — die Teilstücke gewählt werden. Bei der nun folgenden binokularen Prüfung der Teilstücke wird jedes gezählte Ei mittels einer Präpariernadel zerstört, um Mehrfachzählungen zu vermeiden. Nachdem sämtliche Teilstücke eines Astes bzw. eines Baumes untersucht und durchgezählt sind, werden sie der Länge nach aneinander gereiht, so daß ihre Gesamtlänge gemessen werden kann. Auch wird die Anzahl der an sämtlichen Teilstücken befindlichen Knospen notiert. Jetzt kann errechnet werden, wieviel Eier durchschnittlich auf eine Knospe und wieviele auf 10 cm des Zweiges kommen. Damit ist eine Möglichkeit geschaffen, verschiedenes Untersuchungsmaterial miteinander zu vergleichen. Daß bei diesen Untersuchungen zugleich das Verhältnis der befruchteten zu den unbefruchteten Eiern festzustellen ist, versteht sich von selbst[1].

Weniger einfach, aber ebenfalls zuverlässig ist die Zählung der Larven in den Knospen. Für diese Untersuchung werden Knospen bzw. Blütenbüschel in Leinensäckchen eingesammelt, im Laboratorium alsdann die Zahlen von Larven und Knospen festgestellt und miteinander in Vergleich gesetzt. Man kann mit dieser Methode auch sehr schön über die Entwicklungsgeschwindigkeit der einzelnen Stadien Klarheit gewinnen, wenn man täglich oder alle 2 Tage wenigstens 10—12 Blütenbüschel von dem gleichen Baume untersucht (vgl. S. 41).

---

[1] Die Gesamtlänge der in den beiden Wintern 1925/26 und 1926/27 in meinem Laboratorium auf die Anzahl der vorhandenen Psylla-Eier untersuchten Apfelzweige beträgt 1650 m.

Da die **Imagines** im Gegensatz zu Eiern und Larven sehr flüchtig sind, wird ihre exakte zahlenmäßige Erfassung durch mancherlei Fehler erschwert. Am besten bewährte es sich, mit dem Einheitsketscher[1] von BÖRNER und BLUNCK (1921, S. 419—420) in kräftigen Schlägen an den niedrigeren Ästen der Bäume entlang zu streifen. Der Einheitsfang besteht aus 30 Doppelschlägen. Doppelschläge mußten deshalb gewählt werden, weil die Apfelsauger durch den ersten Schlag vielfach nur aufgescheucht und erst durch den Rückschlag gefangen werden konnten. Ein erheblicher Mangel der Methode besteht darin, daß die aufgescheuchten Tiere bei lebhaften Winden bereits fortgeweht sind, ehe sie vom Rückschlage erfaßt werden können. Die mit je 30 Fangschlägen erbeuteten Imagines werden in gut verschließbare Säckchen von Nesselstoff geschüttet, in die vorher ein Zettel mit den nötigen Angaben (Örtlichkeit, Sorte, Datum, Tagesstunde, Witterung) gelegt ist. Das Überschütten der Tiere aus dem Ketscher in die Säckchen geht bei einiger Übung ohne Verluste zu bewerkstelligen. Im Laboratorium werden die verschiedenen Säckchen in einem größeren Behälter mit Schwefelkohlenstoffdampf übereinander geschichtet und nach einiger Zeit einzeln auf ihren Inhalt geprüft.

BRITTAIN (1922, Oktober) hat sich einer anderen Methode bedient. Er zählte alle Apfelsauger, die er innerhalb einer bestimmten Zeitspanne (5 Minuten) an den Bäumen entdecken konnte. Zweifellos sind hiermit ebenfalls Zahlen zu erhalten, die sich vergleichen lassen. Für umfangreichere Feststellung erschien mir jedoch diese Methode zu zeitraubend, zumal sie mit Hilfspersonal kaum durchzuführen ist.

D. Feinde und Parasiten.

A. Feinde.

1. Vögel. Sowohl die Imagines wie die Larven werden von Vögeln verfolgt, während die Eier infolge ihrer geringen Größe vor Nachstellungen sicher sind. Bereits WITTMANN (1916) stellte fest, daß die Eier von Meisen verschmäht werden.

Im Sommer 1925 sah ich wiederholt Schwalben unter und zwischen den Apfelbäumen jagen und dabei nach den zahllosen umherschwirrenden Imagines schnappen. Es wurde leider nicht festgestellt, ob es sich um Haus- oder Rauchschwalben handelte. Zweifellos kommen auch zahlreiche andere Singvögel (Grasmücken, Rotkehlchen usw.) als Vertilger der Imagines in Betracht, doch konnte ich bei der Vogelarmut meines

---

[1] Der Ketscher besitzt einen Mündungsumfang von 1 m und einen Stiel von 1 m Länge. Infolge der sperrigen Apfelzweige mußte der Fangsack aus starkem Nesselstoff hergestellt werden.

wichtigsten Untersuchungsgebietes (Elbmarschen bei Stade) nichts
Näheres feststellen.

Durch unmittelbare Beobachtungen im Freilande konnte auch keine
Klarheit darüber gewonnen werden, durch welche Vögel die Larven
besonders gefährdet werden. Ich machte daher Ende April 1926 einen
Fütterungsversuch mit verschiedenen Singvögeln im Zoologischen Garten
in Hamburg. Am sorgfältigsten und mit sichtlichem Eifer reinigten
Kleiber (*Sitta europaea*) und Blaumeise (*Parus coeruleus*) die Knospen
der dargebotenen Apfelzweige von den Larven, weniger energisch be-
nahm sich die Kohlmeise (*Parus major*) — andere deutsche Meisenarten
fehlten —, während alle sonst geprüften Vögel (Stare, Rotkehlchen)
teils vielleicht zu scheu waren, teils kein Interesse an den kleinen Tierchen
bekundeten. Schon die Blaumeisen schienen übrigens beim Verzehren
der Larven durch deren Wachsausscheidungen gestört zu werden.

2. Insekten. Die wichtigsten Feinde der Apfelsaugerlarven sind
Insekten, während zahlreiche Spinnen, gelegentlich auch Libellen, den
Imagines nachstellen. Coccinelliden und ihre Larven sowie Syrphiden-
larven, Raubwanzen und Florfliegen trafen wir häufig bei der Vernichtung von Psyllalarven an, seltener auch Cecidomyidenlarven. Resch
bezeichnet Ohrwürmer und Lampyridenlarven als Feinde der Psyllalarven (Hahn, 1910).

a) *Coccinella bipunctata* L. Die Eigelege dieser Art wurden auf
Apfelbäumen gefunden, die schwer von *Psylla mali* befallen waren.
Während ihres etwa 30 tägigen Larvenlebens (6. 5.—9. 6.) verzehrte diese
Art (im Laboratorium) 70—110 Psyllalarven. Die Puppenruhe dauerte
rund 10 Tage. Ein Altkäfer verzehrte innerhalb von 2 Monaten (8. 5. bis
5. 8.) 230 Psyllalarven und außerdem — da Psyllalarven später nicht
mehr zur Verfügung standen — 517 Blattläuse. Ein Käfer starb, nachdem er innerhalb von $2^1/_2$ Monaten 316 Eier abgelegt hatte. Jungkäfer,
die am 10. 7. aus der Puppe geschlüpft waren, begannen am 10. 8. mit
dem Begattungsgeschäft. Es ist bemerkenswert, daß ich aus einem
Eigelege die beiden Aberrationen *bioculata* Say und *4maculata* Scop.
züchtete. Während des Winters fand sich diese Art sehr häufig in
Fanggürteln an Apfelstämmen.

b) *Coccinella 4punctata* Pontopp. Im Gegensatz zu der vorigen
Art beobachtete ich *4punctata* in Obstanlagen nicht. In meinen
Zuchten jedoch verzehrte die Imago in 25 Tagen 101 Psyllalarven, in
37 weiteren Tagen noch 261 Blattläuse. In dieser Zeit legte sie in mehreren Portionen zusammen 95 Eier ab und wurde dann in Freiheit gesetzt.

c) *Syrphus auricollis* Mg. Die Larven dieser in Deutschland angeblich
ziemlich seltenen Schwebfliege fanden sich häufig in den Larvenkolonien
von *Psylla mali*. Eine Larve fraß in 8 Tagen 40 Psyllalarven, eine
zweite in der gleichen Zeit 160, eine dritte in nur 6 Tagen 315 Psylla-

larven. Die Puppenruhe dauerte 13 Tage (vom 20. 5.—1. 6.). Minkiewicz (1927) meldet außer dieser Art noch *Syrphus vitripennis* Mg. und *Platychirus peltatus* Mg. als Feinde der Apfelsaugerlarven.

d) **Florfliegenlarven** (*Boriomyia* spec.) traten erst von Anfang Juni an in Erscheinung. Sie mußten daher ihren recht erheblichen Nahrungsbedarf vornehmlich mit Blattläusen befriedigen und hatten als Psyllavertilger nur geringen Wert.

e) **Cecidomyidenlarven** fanden sich häufig in den Blütenbüscheln und hinter den zurückgeschlagenen alten Knospenschuppen. Wiederholt sahen wir sie an lebenden Psyllalarven saugen. Allerdings ist der Nahrungsbedarf der rötlichen Larven, deren dunkler Darminhalt sich bei den peristaltischen Schlundbewegungen während des Saugens deutlich bewegt, verhältnismäßig gering, so daß dieser Psyllafeind keine große praktische Bedeutung besitzt. Die Puppe [1] ruht in einem selbstgesponnenen Kokon 8 Tage (im Laboratorium), dann schlüpft die am ganzen Körper einschließlich der Schwingkölbchen rötlich gelbe Mücke. Die fein behaarten Flügel sind leicht berußt und besitzen einen dunklen Saum. Die ebenfalls fein behaarten Beine sind, wie auch die Fühler, gelblich, der Tarsus dunkler. Eine Bestimmung der Mücke war bisher leider nicht möglich.

f) *Anthocoris nemorum* L. (*sylvestris* Wolf) spielt an der Niederelbe infolge ihrer Häufigkeit eine nicht unbedeutende Rolle als Psyllavertilger, obwohl auch sie erst gegen Ende des Psyllalarvenlebens merklich in Erscheinung tritt. Während ihres Larven- und Nymphenlebens (vom 26. 5.—9. 6.) verzehrte eine Wanze 19 Psyllalarven und Blattläuse, als Imago (vom 10. 6.—10. 7.) 144 Blattläuse. Die Eiablage dieser Wanze begann am 28. 6. Die Eier werden mit Hilfe des Legesäbels in pflanzliche Gewebe eingeführt, wahrscheinlich in junge Triebe. Außer *Anthocoris nemorum* hat Minkiewicz (1927) folgende Wanzen beim Aussaugen von *Psylla mali*-Larven beobachtet: *Heterocordylus genistae* Scop. (*unicolor* Hlm.), *Plagiognathus arbustorum* F. und *Orthotylus marginatus* Rent.

g) *Psallus ambiguus* Fall. wurde Mitte Juni stellenweise außerordentlich häufig als Imago in den von *Psylla mali* verseuchten Apfelanlagen an der Niederelbe beobachtet. Der Nachweis jedoch, daß seine Larve sich von Psyllalarven ernährt, konnte nicht erbracht werden.

Die Erfahrung hat gelehrt, daß die hier aufgezählten Vögel und räuberischen Insekten nicht in der Lage waren, die Massenvermehrung des Apfelsaugers an der Niederelbe wirkungsvoll aufzuhalten.

---

[1] In einem Falle fand ich innerhalb des Cecidomyiden-Kokons 3 kleine Hymenopteren-Puppen. Die ausschlüpfenden Wespchen wurden durch freundliche Vermittlung von Herrn Dr. W. Horn, Berlin-Dahlem, im Britischen Museum als *Aphanogmus ? gracilicornis* Kieffer bestimmt.

B. Parasiten.

1. Insekten. Die Apfelsauger larven fand ich niemals parasitiert. MINKIEWICZ (a. a. O.) meldet die Tachine *Ptychomyia paralella* MG. als Parasit und FERRIÈRE (1926) teilt mit, daß BROCHER die Nymphen des großen Birnsaugers (*Psylla pyrisuga*) von einer Chalcidide (*Prionomitus mitratus*[1] DALM). parasitiert gefunden hat[2]. In dem Hauptgebiet des niederelbischen Obstbaues, in den Elbmarschen, kamen auch an den Imagines Parasiten niemals zur Beobachtung. Dagegen waren die Imagines in Obstgärten auf der Geest (bei Stade) nicht selten von einem Entoparasiten befallen (Tabelle 5). Die Aufzucht des Parasiten gelang leider trotz wiederholter Versuche nicht. Trotzdem dürfte eine Beschreibung seiner Biologie nützlich sein.

Von der ersten Junihälfte an beobachteten wir Apfelsaugerimagines, die teils auf den Flügeln, teils — aber seltener — an Thorax oder Ab-

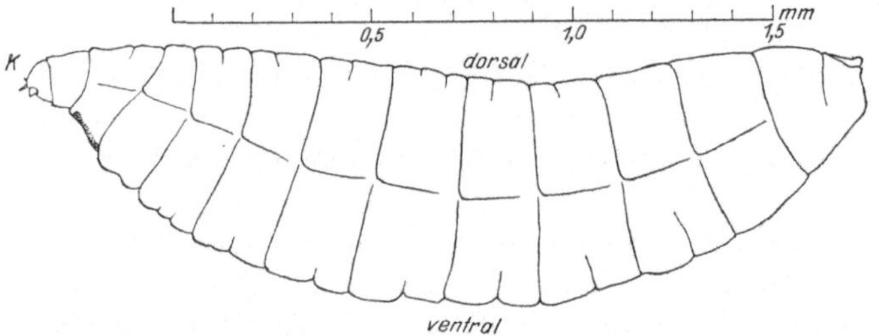

Abb. 41. Cecidomyidenlarve. Letztes, bereits frei gewordenes Stadium (s. Text). *K* Kopfende.

domen kleine (0,08:0,2 mm) rote Eier trugen (Abb. 6). Bis Mitte September fanden sich noch immer offenbar frisch abgelegte Eier dieser Art, während bereits Mitte Juni zahlreiche ausgeschlüpfte Eier festgestellt wurden. Die leeren Eischalen fallen später ab. Die wiederholte Suche nach Ectoparasiten, die aus diesen Eiern stammen könnten, verlief ergebnislos. — Bei den zur Kontrolle der Geschlechtsreifung regelmäßig durchgeführten Präparationen von Psyllaimagines beobachtete ich jedoch häufig entoparasitisch im Abdomen lebende Insektenlarven und zwar besonders bei denjenigen Imagines, denen ausgeschlüpfte Eier an den Flügeln hingen. Da die jungen Larvenstadien des Parasiten überdies die

---

[1] Nach Abschluß der Monographie veröffentlicht WORONIECKA (1928) ihre Beobachtungen in Polen. Danach sind dort die Imagines von *Psylla mali* im Herbst häufig von *Prionomitus* spec. parasitiert. Die Verpuppung der Wespe erfolgt in dem abgestorbenen Wirt, der ähnlich wie bei Parasitierung durch Pilze eine fahle gelbgraue Färbung bekommt. Ende Oktober erscheinen die letzten Wespen, obwohl noch zahlreiche Larven und Puppen in den Häuten toter Apfelsauger vorhanden sind.

[2] Die Citrus-Psylla, *Diaphorina citri* KUW., ist oft zu 95% durch neun verschiedene Chalcididenarten parasitiert (HUSAIN und NATH 1927).

gleiche blutrote Farbe besitzen wie die Eier, glaube ich den Zusammenhang zwischen Eiern und Larven als hinlänglich bewiesen annehmen zu dürfen. (Auch von einigen Tachinen ist ja bekannt, daß sie ihre Eier äußerlich den Wirtstieren anheften, daß aber die Larven später entoparasitisch leben.) Die Larvenentwicklung dürfte längstens etwa 14 Tage in Anspruch nehmen. Während die Junglarven — wie bereits erwähnt — zunächst blutrot sind, nehmen sie bald einen rötlichgelben Farbton an, der mit dem weiteren Wachstum allmählich in Grün übergeht. In der zweiten Junihäfte konnte zum ersten Male beobachtet werden, daß die Parasiten aus ihrem alsdann sterbenden Wirt auswandern (Abb. 41). Ihr Vorder und Hinterende ist in diesem Stadium gelb, die Mitte grün. Auffallend ist ihr sehr ausgeprägtes Vermögen, sich durch Zusammenkrümmen und plötzliches Wiederausstrecken des Körpers fortzuschnellen.

Die erst in diesem freigewordenen Stadium vorhandene Chitingräte auf der Ventralseite des Thorax (Abb. 42) beweist, daß es sich um eine *Cecidomyiden*-Larve handelt. Die Verpuppung erfolgt in einem gesponnenen Kokon. Da die Höhe der Parasitierung gelegentlich ganz beträchtlich war (vgl. Tabelle 5), und da ferner die befallenen Weibchen im Laufe der Parasitierung vollkommen steril werden, wird der Parasit mancherorts bedeutungsvoll werden können.

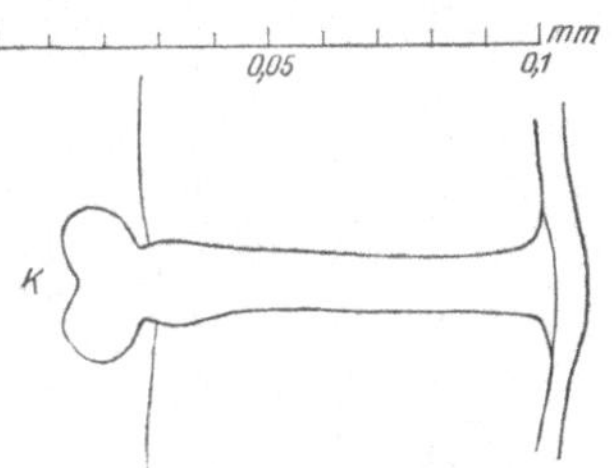

Abb. 42. Chitingräte der in Abb. 41 dargestellten Cecidomyidenlarve. *K* Kopfende.

Daß der Parasit in der Elbmarsch vollkommen fehlt, dürfte durch die Eigenarten des Marschbodens (feucht, fest, mit Gras bestanden und von Weidevieh begangen) bedingt sein. Im trockneren und leichteren Geestboden finden die Parasiten offenbar geeignetere Bedingungen für die Verpuppung.

2. Pilze. Schon Schmidberger (1837) hat gelegentlich Apfelsaugerimagines beobachtet, die an einer Pilzkrankheit gestorben waren. Im niederelbischen Befallsgebiet kamen mir verpilzte Apfelsauger niemals zu Gesicht. Die Vermutung Theobalds (1909), daß es sich bei dem von Schmidberger gemeldeten Pilz um den an *Typhlocyba*-Arten häufigen Parasiten *Entomophtora sphaerosperma* Fres. handelt, hat durch die Arbeiten von Brittain (1921, 1922) und ganz besonders von Dustan (1923—1927) ihre Bestätigung erhalten. Von Mitte Juli bis September ist der Pilz in Kanada bisweilen so häufig, daß der Massenwechsel des Apfelsaugers durch ihn stark beeinflußt wird. Es werden vornehmlich die Imagines und die ältesten freilebenden Nymphen befallen, während die versteckt sitzenden Larven im allgemeinen vor Ansteckung geschützt sind (Gilliat 1924). Bei den Versuchen von Dustan (a. a. O.) ergab sich, daß sich der Pilz nur bei hoher Temperatur, hoher relativer Feuch-

Tabelle 5. Parasitierung von Apfelsaugerimagines durch Cecidomyidenlarven.

Datum	Mit Eiern besetzt		Mit Larven besetzt	
	♂ %	♀ %	♂ %	♀ %
1926: 9. 6.	?	?	— 15 —	
2. 7.	0	1	5	12
9. 7.	— 18 —		6	12
16. 7.	— 14 —		— 52 —	
23. 7.	3	4	60	43
30. 7.	0	0	33	50
6. 8.	5	11	47	14
24. 8.	0	1,7	35	51
1. 9.	0	1,7	6,7	31
9. 9.	9,5	1,6	0	25
17. 9.	27	8,5	13	25
29. 9.	0	0	0	50 (2 von 4 Stück)
8. 10.	0	0	0	0
16. 10.	0	0	0	0
1927: 14. 6.	13	11,6	?	?
27. 7.	21	6,2	?	?
6. 8.	1,5	9,7	?	?
23. 8.	18	6	10	9
2. 9.	3,3	6	33	26
16. 9.	0	3,5	8,5	7
27. 9.	0	0	0	0
5. 10.	0	0	0	0

tigkeit und bei Massenauftreten von *Psylla mali* stark vermehren kann. Bei der Zucht ließen sich diese Vorbedingungen künstlich leicht erreichen. Die infizierten Insekten wurden sodann in schlecht gepflegten, zu dichten Obstpflanzungen ausgesetzt, von wo sich die Krankheit weiter in der Umgebung verbreitete. Der Pilz wuchert zunächst im Blut der befallenen Apfelsauger und geht später auf alle Organe über. Die kranken Tiere findet man am zahlreichsten an den niedrigen Ästen der Apfelbäume, auch an Unkräutern unter den Bäumen, seltner an den oberen Ästen. Der Pilz überwintert anscheinend in toten Insekten. Die hohen Erwartungen, die man in Kanada zunächst auf den Parasiten setzte, scheinen doch etwas getäuscht zu haben. So gelang es mir z. B. trotz mehrfacher Versuche nicht, Infektionsmaterial aus Kanada zu erhalten. In den dortigen Instituten scheint selbst Mangel daran geherrscht zu haben.

E. Bekämpfung.

Infolge der schweren Schäden, die der Apfelsauger hervorzurufen imstande ist, hat man sich schon seit Jahren mit seiner Bekämpfung befaßt. Bereits SCHMIDBERGER (1837) bemühte sich, die Larven zu vernichten: er fegte die jungen Larven vor der ersten Häutung mittels einer feinen Bürste von den Knospen seiner Topf-Apfelbäume. Daß sich diese umständliche, nur mit Lupenvergrößerung durchführbare Methode nicht einbürgerte, ist verständlich.

Während seines ganzen Lebens, vom Ei bis zur Imago, ist der Apfelsauger unserem Zugriff ausgesetzt, doch ist wenigstens in Deutschland die Bekämpfung der Eier praktisch am leichtesten durchführbar, was schon KRAUS (1915) betont hat.

A. Technische Bekämpfung.
I. Die Bekämpfung der Eier.

Die Bekämpfung der Eier wird gegen Ende des Winters, am besten im Februar und März durchgeführt. Das gelegentlich, z. B. von ORMEROD (1898), SUDEIKIN (1913) und MIESTINGER (1917) empfohlene Abschneiden und Verbrennen der stark mit Eiern besetzten Zweige ist natürlich nur an Busch- und Zwergbäumen möglich. Überdies führt es nicht zum Erfolg, da man die meist am stärksten befallenen Fruchttriebe nicht gut abschneiden kann. Wo im Winter schwer befallene Anlagen ausgelichtet werden, müssen die abgesägten Zweige unbedingt vor Anfang April aus den Anlagen entfernt werden, da sich die an diesen Ästen befindlichen Eier großenteils ungestört weiter entwickeln, und die ausschlüpfenden Larven die benachbarten Bäume besteigen können (s. o. S. 52). Als Bekämpfungsmittel kommen für das Freiland weder Staubpräparate noch Gase sondern ausschließlich Spritzmittel in Betracht. Da die Eier zum Teil sehr versteckt sind, sollte auf ein gutes Benetzungsvermögen der Spritzflüssigkeiten geachtet werden.

Die Abtötung des Eies bzw. des Embryos kann auf zwei grundsätzlich verschiedene Methoden erreicht werden. Entweder es wird der ganze Baum mit einer alsbald zur harten Kruste erhärtenden Brühe bespritzt. Die schlüpfreifen Larven der auf den Zweigen befindlichen Eier können dann die harte Bedeckung nicht durchbrechen und sterben im Ei ab. Oder aber die Spritzmittel sind befähigt, die Eischale zu durchdringen und das Protoplasma des Eies oder den sich bereits bildenden Embryo durch unmittelbare chemische Einwirkung zu schädigen bzw. abzutöten.

Zu der Gruppe der mechanisch wirkenden Mittel gehört das sogenannte THEOBALDsche Gemisch, das heute zumeist in der Zusammensetzung von 5—6 kg Kochsalz + 10—15 kg Kalk + $^1/_2$ kg Wasserglas auf 100 l Wasser angewandt wird und das eine Verbesserung der einfachen Kalkmilch darstellt. Erstmalig hat THEOBALD (1908, S. 55—73) eine derartige bzw. ähnliche Mischung empfohlen, veranlaßt durch eine Mitteilung des englischen Obstzüchters HOWARD CHAPMAN in Greenhithe. Ob neben der mechanischen Wirkung, die natürlich nur durch sehr reichlichen Materialverbrauch (schon THEOBALD, 1909, hat auf diesen Nachteil der Kalkbrühen hingewiesen) zu erzielen ist, auch noch eine Ätzwirkung stattfindet, ist nicht völlig geklärt. THEOBALD (1909) dachte an eine osmotische Wirkung des Salzes, LEES (1915) lehnt diese Erklärung nachdrücklich ab. Ein Beweis konnte aber bisher nicht erbracht werden. Da der Austrieb gekalkter Bäume eine recht merkliche Verzögerung erleidet, können wohl auch zur normalen Zeit geschlüpfte Larven aus Nahrungsmangel zugrunde gehen (KOROLKOV 1915, S. 44/54). Auch in meinen Versuchen (SPEYER, 2. Beitrag) führte die THEOBALDsche Brühe stets zu Austriebsverzögerungen.

1. Kalkbrühen. Die folgenden Autoren berichten über Erfahrungen mit Kalkspritzungen:

Anonymus, Der Apfelblattsauger, Zuckermilbe, Honigmilbe (1921): Mit 10—15 kg gelöschtem Kalk + 2—4 kg Kochsalz + 0,5 kg Wasserglas in 100 l Wasser sehr guter Erfolg. Bei verspäteter Anwendung Verbrennung der Knospen.

AVERIN (1913): Kalkwasser mit Zusatz von 3—5% Eisenvitriol.

BALABANOV (1915): Kalkmilch mit Zusatz von 0,5% Schmierseife (Anwendung möglichst spät).

BAUNACKE (1926): THEOBALDsche Brühe.

BRAUN (1925): THEOBALDsche Brühe oder Lehmbrei mit Kalkzusatz.

BRITTAIN (1920, S. 68—82): Kalkmilch (im Spätherbst und Frühjahr).

BRITTAIN (1921, S. 22—24): Dicke Kalkmilch (2 mal spritzen).

BRITTAIN (1922, S. 96—101): Kalkmilch enthaltend 10% Kalk und 0,3% Kochsalz (Anwendung möglichst spät, am besten 2 mal).

CARPENTER (1909): THEOBALDsche Brühe, sehr dick aufspritzen (CARPENTER ist mit dem Erfolg nicht zufrieden).

ENGELMANN (1904): Bäume mit Kalkmilch bestreichen.

FRYER (1921): Dicke Kalkmilch.

FÜRSTENBERG (1924): THEOBALDsche Brühe, aber anstatt 6% Kochsalz 15% Kali (40 proz.) (vgl. Abb. 43).

FURLEY (1907): THEOBALDsche Brühe. Anstatt des Wasserglases kann ebenso gut das viel billigere Natriumkarbonat benutzt werden.

GLASENAPP (1920): THEOBALDsche Brühe, aber ohne Salz.

GÜLL (1926 und 1927): THEOBALDsche Brühe.

HEYDEMANN (1927): THEOBALDsche Brühe.

KOROLKOV (1915): Kalkmilch verzögert den Knospenaustrieb, so daß Larven aus Nahrungsmangel sterben.

KRAUS (1912): Kalkbrühen gegen die Eier erfolglos.

KRAUSE (1918): Im Winter ist THEOBALDsche Brühe empfehlenswert.

LEES (1915): Mischung von spanischer Kreide, Leim, Stärke und Kaliumbichromat in Wasser ist besser als Kalkmilch, aber zu teuer. Wenn Kalk allein genommen wird, muß er 1. möglichst frisch sein, 2. sollte die Mischung möglichst 12 Stunden vor dem Gebrauch hergestellt werden, und zwar mit $^1/_3$ der gesamten Wassermenge, während der Rest kurz vor dem Spritzen zugegossen wird.

LEES (1916 und 1917): 20 proz. Kalkmilch (Anwendung möglichst spät, nicht vor dem Anschwellen der Knospen).

LUDWIGS (1921, 1923 und 1924): THEOBALDsche Brühe. Ein Zusatz von Wasserglas erhöht die Wirkung.

MIESTINGER (1917): Dicke Kalkmilch.

PETHERBRIDGE (1915 und 1916): Kalkmilch allein oder mit Zusatz von Salz oder von Salz und Schwefel; letztere Mischung am besten, aber auch nicht genügend.

Regierungspräsident in Stade (1925): THEOBALDsche Brühe mit und ohne Zusatz von $^3/_4$ kg krist. Soda je 100 l.

REH (1913, Bd. III): THEOBALDsche Brühe wird empfohlen.

REH (1916, S. 280): THEOBALDsche Brühe wird neben Obstbaumkarbolineum empfohlen.

REH (1927, Nr. 1): THEOBALDsche Brühe wird neben Obstbaumkarbolineum empfohlen.

RIEHM (1926): THEOBALDsche Brühe wird empfohlen.

SPEYER (1926, 1. Beitrag): THEOBALDsche Brühe als weniger geeignet erwähnt.

SPEYER (Die Landwirtschaft, März 1926): THEOBALDsche Brühe ist zu umständlich.

SPEYER (1927, 2. Beitrag): THEOBALDsche Brühe hat sich nicht bewährt.

SPEYER (Obst- und Gemüsebau 1927): THEOBALDsche Brühe hat sich nicht bewährt.

SPEYER (Stader Tageblatt Nr. 38, 1927): THEOBALDsche Brühe hat enttäuscht.

SPEYER (Flugblatt 90 der Biologischen Reichsanstalt, 1927): THEOBALDsche Brühe ist weniger zu empfehlen.

SPEYER (1927, 4. Beitrag): THEOBALDsche Brühe ist nicht zu empfehlen.

SPEYER (Anzeiger für Schädlingskunde 1928): THEOBALDsche Brühe brachte keinen ausreichenden Erfolg.

TASCHENBERG (1901): Kalkanstrich.

THEOBALD (1906, Worcest.): Kalk + Salz oder Kalk + Schwefel + Natriumhydroxyd; alles nicht befriedigend.

THEOBALD (1908): Kalk-Salz-Wasserglas-Mischung.

THEOBALD (1909, S. 153—165): 11—16,8 kg Kalk + 3—4 kg Kochsalz + 0,5 kg Wasserglas in 100 l Wasser.

THEOBALD (1909, S. 38—39): Kalk-Salz-Mischung.

TRAPPMANN (1926): THEOBALDsche Brühe.

WITTMANN (1915): Hochprozentige Kalkmilch von Mitte März ab, sobald die Larven ausschlüpfen.

WITTMANN (1916): Kurz vor dem Ausschlüpfen der Eier 2 mal mit hochprozentiger Kalkbrühe sehr reichlich spritzen.

WITTMANN (1919): Möglichst dicke Kalkmilch, der 10% Obstbaumkarbolineum zugesetzt ist. Durch Zusatz von Rinderblut oder Leim kann die Haftfähigkeit verbessert werden.

ZACHER (1922): In Werder wurde das THEOBALDsche Mittel im Monat Februar erfolgreich angewandt.

Da der Kalküberzug durch die Einwirkung von Wind und Wetter trotz Beigabe von Wasserglas ziemlich schnell lückenhaft wird, so empfehlen zahlreiche Autoren, die Spritzung möglichst spät im Frühjahr auszuführen. In meinen Versuchen genügte die THEOBALDsche Brühe niemals. Bei sehr großem Materialverbrauch — FURLEY (1907) rechnet auf jeden älteren Baum 70—90 l Brühe! — und Anwendung hochprozentiger dickflüssiger Brühen wird man das Ziel vielleicht erreichen können. Derartig konzentrierte Kalkbrühen lassen sich aber naturgemäß nur mit viel Zeitverlust verspritzen, so daß der Erwerbs-

obstbau im großen niederelbischen Obstbaugebiet ganz allgemein die
THEOBALDsche Brühe ablehnt. Entsprechend dem Vorschlag von
FÜRSTENBERG (a. a. O.) hat man in Jork (Niederelbe) gelegentlich ver-
sucht, das Kochsalz im THEOBALDschen Gemisch durch 40proz. Kalisalz
(15 kg je 100 l) zu ersetzen. Der Erfolg war recht wenig befriedigend.
Die große Mehrzahl der Knospen starb ab ohne auszutreiben (vgl.
Abb. 43). Daß aber auch die vorschriftsmäßig hergestellte Brühe ge-
legentlich zu Knospenverbrennungen führen kann, betont THEOBALD

Abb. 43. Infolge Bespritzung mit der nach FÜRSTENBERG (s. Text) abgeänderten THEOBALDschen
Brühe schwer geschädigter Apfelbaum. Nur die nicht so stark getroffenen Knospen der obersten
Zweige sind ausgetrieben.

(1909, 38) selber und empfiehlt daher im Gegensatz zu den oben an-
geführten Autoren, die Spritzung möglichst frühzeitig, etwa im Februar
vorzunehmen.

2. Lösungen von Alkali. Besonders in der englischen Literatur wird
häufig von der „caustic alcali Wash"-Methode berichtet. Es handelt sich
wohl zumeist um eine Anwendung von Kalkmilch ($CaOH$) (s. o.) in verschiedenen Verdünnungen, häufig aber auch von Ätznatron ($NaOH$) unter
Zusatz anderer Stoffe. Die erzielten Erfolge sind im ganzen nicht befriedigend. Folgende Autoren berichten über Alkalispritzungen:

CARPENTER (1909) empfiehlt, zur Zeit, wenn die Junglarven aus den Eiern
schlüpfen, eine Mischung von Ätznatron, Eisenvitriol und Paraffinöl.

COLLINGE (1905, 1906 und 1907): Spritzung mit Lösung von Soda + Pottasche tötet nicht alle, aber recht viele Eier, besonders bei später Anwendung.

FURLEY (1907) meldet, daß unter anderem folgende Spritzbrühen gegen die Eier versagt haben: Ätznatron + Kaliumkarbonat + Schmierseife; Ätznatron + CaO + Schwefel; Ätznatron + Paraffinöl + Seife.

LEES (1917, S. 213—228): Lösung von Chlorkalk unter Zusatz von Ätznatron sehr wirksam. Am besten Kalkmilch, der Chlorkalk und Ätznatron zugefügt ist.

REH (1913): Lösungen von Ätzsoda.

REH (1927) empfiehlt, gegen die Eier recht spät mit THEOBALDscher Brühe oder mit 500 g Ätznatron + 250 g Schmierseife + 100 l Wasser zu spritzen.

THEOBALD (1904, 1905 und 1906) hält die caustic-alcali-Spritzung bei später Anwendung zunächst für gut, lehnt sie aber in seinen letzten Veröffentlichungen immer mehr ab.

The apple Sucker (1893): Die Alkalispritzung wird genannt, ihre Wirkung jedoch mit einem Fragezeichen versehen.

WITTMANN (1921 und 1926) empfiehlt mit einer Lösung von 500 g Ätznatron + 250 g Schmierseife in 100 l Regenwasser 3 mal zu spritzen: nach dem Laubfall, gegen Ende des Winters und kurz vor dem Aufbrechen der Knospen. Manchmal von geringer Wirkung.

3. Schwefelkalkbrühe

(Abb. 44—46). Von den chemisch wirksamen Mitteln sei zunächst die Schwefelkalkbrühe genannt, da sie im ersten Jahre der niederelbischen Apfelsaugerbekämpfung (s. u.) fast ausschließlich angewandt

Abb. 44. Zweig *I* unbehandelt, Zweig *II* kurz vor dem Ausschlüpfen der Larven mit 33%iger Schwefelkalkbrühe bespritzt. Knospe *I* voller Psyllalarven und ihren Kotperlen, Knospe *II* vollkommen gesund. Laboratoriumsversuch.

wurde. Die Selbstherstellung der Schwefelkalkbrühe ist möglich, aber immerhin umständlich[1]. Es wird daher in Deutschland die konzentrierte

---

[1] Rezept für Selbstherstellung von Schwefelkalkbrühe (nach Flugblatt 46 der Biologischen Reichsanstalt). Stammlösung: 850 g pulverisierten gebrannten Kalk mit 1450 g Schwefelblüte trocken gut mischen, mit 10 l Wasser versetzen, in eisernem Kessel unter häufigem Umrühren 45 Minuten lang kochen, dann erkalten lassen. Verdünnung je nach dem Anwendungszweck. — Nach HARUKAWA (1927) wirkt eine Brühe, zu deren Herstellung Schwefel und Kalk in gleicher Menge genommen werden, beträchtlich giftiger als eine Brühe mit doppelt so viel Schwefel wie Kalk.

Brühe (eine Lösung verschiedener Kalziumpolysulfide) mit einem spezifischen Gewicht von etwa 20⁰ Bé zumeist von Pflanzenschutzmittelfabriken bezogen und für den Verbrauch mit Wasser verdünnt. Die immerhin sehr wasserreiche Handelsware erfordert verhältnismäßig hohe Frachtkosten, so daß sich eine weite Anfuhr nicht lohnt. Dieser Mangel haftet dem „Solbar" der I. G. Farbenindustrie Leverkusen nicht an. Es ist ein graues Pulver (Bariumpolysulfide), das sich in Wasser leicht löst. Von einem schwarzen Rückstand wird die Brühe abgegossen. Die Wirkung ähnelt derjenigen der Schwefelkalkbrühe.

Abb. 45. Verschieden behandelte Zweige des gleichen Baumes (Freilandversuch): *A* und *B* vor dem Austrieb mit 10%igem Obstbaumkarbolineum („Arborol", später „Terabol" genannt) bespritzt; *C* mit 33%iger Schwefelkalkbrühe bespritzt; *D* unbehandelte Kontrolle.

In folgenden Veröffentlichungen wird die Schwefelkalkbrühe als Mittel zur Bekämpfung des Apfelsaugers[1] genannt: Anonymus (1926), BAUNACKE (1926), BOISCH (1926), BOURCART (1926), GLASENAPP (1920), Hauptstelle für Pflanzenschutz Dresden (1926), HEYDEMANN (1927), JONES (1927), REH (1916 und 1927), R.-G. (1926), Regierungspräsident in Stade (1925 und 1926), SPEYER (1926—1928), WITTMANN (1916). Die mit Schwefelkalkbrühe erzielten Erfolge sind sehr verschiedenartig. Je später sie verspritzt wird, um so größer ist ihre Wirksamkeit. An der Niederelbe wurde die Brühe 33proz. verarbeitet

---

[1] In Nordamerika wird Schwefelkalkbrühe u. a. auch zur Bekämpfung der Wintereier von *Psylla pyricola* FÖRST. benutzt (PARROT and HODGKISS 1913 und HODGKISS 1914). Man mischt dort 1 Teil Schwefelkalkbrühe von 32—34⁰ Bé mit 8—9 Teilen Wasser.

(ein Teil Handelsware auf zwei Teile Wasser). Trotz dieser hohen Konzentration wurde im Durchschnitt nur ein Abtötungsergebnis von etwa 30% erreicht (SPEYER, 2. Beitrag 1927). Bei Laboratoriumsversuchen war das Ergebnis besser als im Freilande (Abb. 44—46). Die Embryonen sterben häufig nicht im Ei ab, sondern erst im Augenblick des Ausschlüpfens. Man findet diese halb in der Eischale steckenden toten

Abb. 46. „Kehdinger Rambour". Vor dem Austrieb mit 33%iger Schwefelkalkbrühe bespritzt. Ungenügende Abtötung der Psyllacier, daher mangelhafte Belaubung.

Larven fast ausschließlich an solchen Bäumen, die mit Schwefelkalkbrühe bespritzt waren. Es ist also eine spezifische Wirkung der Schwefelkalkbrühe. Das zweifellos unbefriedigende Abtötungsergebnis (vgl. auch R.-G. 1926) wird durch eine Neben- und eine Nachwirkung der Spritzung gemildert. Die Nebenwirkung besteht in einer merklichen Einschränkung des Fusicladiums auf den behandelten Apfelbäumen, während sich die Nachwirkung darin äußert, daß der den bespritzten Bäumen noch bis in den folgenden Herbst anhaftende SO_2-Geruch zahlreiche Apfelsauger der neuen Generation von der Eiablage abhält (vgl. Tabelle 6). Auffallend ist auch der hohe Prozentsatz an unbefruchteten Eiern, den man an mit Schwefelkalkbrühe vorbehandelten Bäumen findet. Ob

Tabelle 6. Nachwirkung von Schwefelkalkbrühe auf die Eiablage von *Psylla mali* im folgenden Herbst.

	Bäume im Vorfrühling 1927 mit 33 proz. Schwefelkalkbrühe gespritzt		Bäume im Vorfrühling 1927 mit 10 proz. Obstbaumkarbolineum gespritzt	
	Durchschnittliche Anzahl der befruchteten Eier je 10 cm Zweig	Prozentsatz der unbefruchteten Eier %	Durchschnittliche Anzahl der befruchteten Eier je 10 cm Zweig	Prozentsatz der unbefruchteten Eier %
Besitzer KL. KOLSTER in Wöhrden . . . . (Winter 1927/28)	18	44	54	1,4
Besitzer v. BENTHEN in Twielenfleth. . . (Winter 1927/28)	25	24	37	4

diese Störung der normalen Legetätigkeit durch ein zahlenmäßig stärkeres Abwandern der Männchen verursacht ist, oder ob die Legeinstinkte der Weibchen unmittelbar durch den SO_2-Geruch verwirrt werden, ist noch ungeklärt.

Selbst bei Benutzung der starken Konzentration von 33% wurden die Apfelknospen nur dann beschädigt, wenn sie zur Zeit der Bespritzung bereits weit geöffnet waren. Im Gegensatz zum Apfel sind Birnen, besonders die Sorte „Neue von Poiteau", recht empfindlich gegen Schwefelkalkbrühe. Dies ist bei der Bespritzung gemischter Bestände zu beachten, zumal die Birnenknospen im Frühjahr zumeist weiter entwickelt sind als die Apfelknospen.

Lösungen von Schwefelkalium (Hepar, Schwefelleber) ähneln ihrer chemischen Zusammensetzung nach der Schwefelkalkbrühe, ihre Wirkung auf die *Psylla mali*-Eier ist ebenfalls ungenügend, dagegen verursachen sie in 5—10 proz. Verdünnung häufig (vgl. Abb. 47) schwere Knospenverbrennungen (SPEYER, 2. Beitrag 1927).

4. Destillationsprodukte von Teerölen. Neben verseifter Karbolsäure und ähnlichen Spritzbrühen spielen besonders die sogenannten Obstbaumkarbolineen eine große Rolle als Winterspritzmittel. Die chemische Zusammensetzung der Obstbaumkarbolineen und damit ihre Wirkung auf die Psyllaeier ist außerordentlich verschiedenartig. Die Güte der verschiedenen Produkte ist nicht nur von der Art der Ausgangsmaterialien sondern auch von der Herstellungsmethode abhängig. Im allgemeinen bezeichnet man mit dem Namen Obstbaumkarbolineum eine Mischung verschiedener Teeröl-Destillationsprodukte, die in irgendeiner Weise „wasserlöslich“, d. h. mit Wasser emulgierbar gemacht sind. Leider ist es der chemischen Wissenschaft noch nicht gelungen, die Zusammenhänge zwischen chemischer Zusammensetzung und biologischer Wirksamkeit der Obstbaumkarbolineen zu klären. Es fehlen daher noch allgemein anerkannte Normen. Bezüglich dieser chemischen Fragen sei auf die Spezialliteratur ver-

Abb. 47. Zwei verschieden behandelte Äste des gleichen Baumes: *I* vor dem Austrieb (1. Februar) mit 10%igem Obstbaumkarbolineum (Pomona-Holliar, Schacht-Hollern) bespritzt. *II* vor dem Austrieb (19. März) mit 10%iger Schwefelkaliumlösung bespritzt. — Ast *II* ist stark geschwächt, der Austrieb verzögert.

wiesen. Von einigen Fehlergebnissen abgesehen, die durch schlechtes Material und falsche Spritztechnik zu erklären sind, haben sich die Obstbaumkarbolineen durchaus bewährt (siehe Zusammenfassung auf S. 83 ff.). Die folgenden Autoren berichten über Ergebnisse mit Teeröldestillationsprodukten bzw. empfehlen ihre Anwendung:

Aeble-Bladloppen (1927): 5 proz. Obstbaumkarbolineum als Winterspritzmittel; wenn zugleich Frostspannereier vernichtet werden sollen, nimmt man 7—8%.

Anonymus, Frostspanner und . . . (Erfurter Führer 1908): Gegen Psyllaeier mehrmals im Winter mit 10 proz. Obstbaumkarbolineum spritzen.

Anonymus, Apfelblattsauger und . . . (1923): 10 proz. Obstbaumkarbolineum wird empfohlen. Zwei Spritzungen, im Spätherbst und vor dem Aufbrechen
der Knospen.

Anonymus (1926): 10 proz. Obstbaumkarbolineum.

BLATTNÝ (1924): Obstbaumkarbolineum wird empfohlen.

BOURCART (1926): Teerölemulsionen bewährten sich bei der Winterspritzung;
(nur wo zugleich Pilzkrankheiten zu bekämpfen sind, ist Schwefelkalkbrühe
besser; am vorteilhaftesten ist es, mit Schwefelkalkbrühe eine 2. Winterspritzung
durchzuführen).

BREDEMANN (1928, S. 94—98): Obstbaumkarbolineum wirkte sehr gut,
viel besser als Schwefelkalkbrühe.

BRITTAIN (1922, S. 96—101): Beim Entseuchen von Baumschulmaterial bewährte sich Eintauchen in 5 proz. Obstbaumkarbolineum besser als Blausäurevergasung; die Wirkung ist im Frühjahr besser als im Herbst.

DYCHOV (1915) fand Lösungen von Karbolsäure gegen die Eier sehr wirksam:
0,54—0,68% Seife + 2,7—3,4% rohe Karbolsäure.

Fruit Tree Pests (1917): 5 proz. Teeröldestillationen werden empfohlen.
Es ist bezeichnend, daß die THEOBALDsche Brühe überhaupt nicht erwähnt wird.

FRYER & others (1925): Obstbaumkarbolineum bewährte sich zur Vernichtung der Eier.

FÜRSTENBERG (1924): Obstbaumkarbolineum, spät spritzen.

FÜRSTENBERG (1927): 10 proz. Obstbaumkarbolineum des Handels (Arbolineum-Webel, Dendrin-Avenarius, Florium-Noerdlinger) und selbsthergestellte
Mischung aus Rohkarbolineum und Seife wirkten vorzüglich.

GIMMINGHAM und TATTERSFIELD (1927): Dinitro-o-Cresol und sein Natriumsalz als Winterspritzmittel in 0,25 proz. Lösung töteten die Apfelsaugereier
restlos ab. (Dinitro-o-Cresol wurde vor Jahren in Deutschland unter dem Namen
Antinonnin bekannt.)

GIMMINGHAM und TATTFRSFIELD (1928): Dinitro-o-Cresol in Stärke von
0,2% und sein Natriumsalz töteten nur einen Teil der Apfelsauger-Eier.

GRAM und ROSTRUP (1925): Obstbaumkarbolineum wirkte ausgezeichnet.

HAHN (1910): Spritzung mit 10 proz. Karbollösung selbst bei 3 maliger
Wiederholung erfolglos.

Hauptstelle für Pflanzenschutz Dresden (1926): 10 proz. Obstbaumkarbolineum wird empfohlen.

HEIDORN (1926): Berichte von Praktikern. Obstbaumkarbolineum (10 proz.),
besonders Dendrin, bewährte sich ausgezeichnet, besser als THEOBALDsche Brühe
oder Schwefelkalkbrühe.

HEYDEMANN (1927): Obstbaumkarbolineum mit Kalkzusatz.

JARY (1926): Teeröl (4—8 proz.) tötet die Psyllaeier ab.

JARY (1928): Teerölemulsionen sind wirkungsvoller als Dinitro-o-Cresol.

JONES (1927): 7,5 proz. Obstbaumkarbolineum war wirkungsvoller als andere
Mittel.

KOROLKOV (1914, S. 1—93): 1 proz. Karbolsäure-Emulsion ist im Frühjahr
sehr wirkungsvoll gegen Eier und Larven und zugleich sehr billig.

KRAUS (1912, 1913 und 1915): Obstbaumkarbolineen in 10 proz. Verdünnung
wirkten gegen die Eier am besten.

Landrat in Jork (1928): Neben Schwefelkalkbrühe wird Obstbaumkarbolineum empfohlen.

LEES, A. H. and STANILAND (1928): Die Teerdestillationsprodukte „Mortegg“

und „Carbocrimp" töteten in 4-, in 8- und in 10 proz. Verdünnung die *Psylla mali*-Eier restlos.

LUDWIGS (1924): Neben THEOBALDscher Brühe erzielte auch 20 proz. Obstbaumkarbolineum von Avenarius gute Erfolge. Jedoch sei es seiner wechselnden Zusammensetzung wegen ein unsicheres Mittel.

LUNDBLAD (1920): Wenn die Knospen aufbrechen, ist mit 10 proz. Obstbaumkarbolineum erfolgreich zu spritzen.

LUNDBLAD (1927): 8—10 proz. Obstbaumkarbolineum vor dem Aufbrechen der Knospen bringt sehr guten Erfolg.

LUNDBLAD und TULLGREN (1923): Obstbaumkarbolineum vor dem Aufbrechen der Knospen bringt sehr guten Erfolg.

MIESTINGER (1917): Für die Winterspritzung wird unter anderem 10 proz. Obstbaumkarbolineum empfohlen.

MITZENHEIM (1925): Bei Beginn des Anschwellens der Knospen mit 10- bis 12 proz. Obstbaumkarbolineum spritzen.

PARKER (1924): Teerölemulsionen erwiesen sich als brauchbar zur Vernichtung der Eier.

PEKRUN (1919): Im Winter 10 proz. Obstbaumkarbolineum, im März bis kurz vor dem Öffnen der Blüten 2 proz.

Regierungspräsident in Stade (1926): Es werden neben Schwefelkalkbrühe mehrere namentlich aufgeführte Obstbaumkarbolineen empfohlen.

REH (1916): Neben anderen Mitteln wird für den Winterkampf 10 proz. Obstbaumkarbolineum empfohlen.

REH (1927): Vor Mitte April 20 proz., später 15 proz. Obstbaumkarbolineum. Dendrin-Avenarius wird besonders genannt. Möglichst nicht vor Mitte März spritzen.

RITZEMA BOS (1915): Im Winter mit 6—8 proz. Obstbaumkarbolineum spritzen.

ROMANOWSKY-ROMANKO (1915): Spritzung mit verdünntem Lysol.

SCHØYEN (1897): Für die Winterspritzung bewährte sich Karbolineum-Kalkmilch am besten.

SHERRARD (1926): 5—10 proz. Teeröl wirkte ausgezeichnet.

SPEYER (1. Beitrag, 1926): Obstbaumkarbolineum wird wegen seiner wechselnden Zusammensetzung vorläufig abgelehnt.

SPEYER (Die Landwirtschaft, März 1926): Obstbaumkarbolineum hat zwar in Versuchen gut gewirkt, kann aber noch nicht empfohlen werden.

SPEYER (2. Beitrag, 1927): Mehrere Obstbaumkarbolineen bewährten sich besser (Abtötungszahlen von 80—100%) als sämtliche anderen Mittel einschließlich Lösungen von Karbolsäure (8%) in Ätznatron (5%) und verschiedene Petroleumemulsionen.

SPEYER (Zeitschrift für Fischerei 1927): In Wassergräben oder Teiche abtropfendes Obstbaumkarbolineum erweist sich als starkes Fischgift.

SPEYER (Anzeiger für Schädlingskunde 1927): Obstbaumkarbolineum ist gefährlich für Fische und Regenwürmer.

SPEYER (Flugblatt Nr. 90, 1927): Gute Obstbaumkarbolineen in 5—10 proz. Verdünnung werden an erster Stelle empfohlen.

SPEYER (Hannoversche Land- und Forstwirtschaftliche Zeitung 1927): Obstbaumkarbolineum am wirksamsten. Bericht über Mißerfolge durch mangelhafte Zusammensetzung einiger Karbolineen.

SPEYER (4. Beitrag, 1927): Zahlreiche Obstbaumkarbolineen wirkten selbst in 5 proz. Verdünnung besser (90—100% Abtötung) als alle anderen geprüften

Präparate. Nur einige Obstbaumkarbolineen haben nicht genügend gewirkt, andererseits zum Teil anscheinend die Bäume geschädigt.

SPEYER (Anzeiger für Schädlingskunde 1928): Gute Obstbaumkarbolineen übertreffen alle anderen Mittel. Bei der ungleichmäßigen Zusammensetzung der Obstbaumkarbolineen ist schrankenlose Empfehlung trotzdem nicht möglich.

SPEYER (Die Landwirtschaft Nr. 27, 1928): Die Spritzung mit gutem Obstbaumkarbolineum vergrößerte die Ernte.

The apple sucker (1893): Spritzen mit 2—3 kg Karbolsäure + 0,58 kg Seife in 100 l Wasser.

TULLGREN (1917): Spritzung mit Obstbaumkarbolineum bringt vollen Erfolg.

WITTMANN (1915): Obstbaumkarbolineum erfolglos angewandt.

WITTMANN (1916): 10 proz. Obstbaumkarbolineum selbst bei 5 mal wiederholter Anwendung wirkungslos.

WITTMANN (1919): Obstbaumkarbolineum brachte keine Erfolge. Es handelte sich allerdings um ein anscheinend minderwertiges Fabrikat.

5. Lösungen von Kupfer- und Eisensulfat. Kupfer- und Eisensulfat werden vornehmlich in Rußland zur Winterspritzung angewandt. Die Ergebnisse scheinen aber ebenso wie in meinen Versuchen nicht befriedigend zu sein, da zumeist eine nachfolgende Bekämpfung der Larven empfohlen wird.

AVERIN (1913, Nr. 7): Spritzen mit Kalkmilch, der 3—5% Eisensulfat zugefügt ist.

CARPENTER (1909): Spritzung von Eisenvitriol + Ätznatron + Paraffinöl wird empfohlen.

FÜRSTENBERG (1927): Lösung von 2 kg Kupfersulfat + 2 kg Bittersalz + 4 kg Speckkalk + 25 kg Kali (40 proz.) in 100 l Wasser ist sehr wirkungsvoll.

GOLITZYN (1916): Kupferkalkbrühe + Parisergrün wurde erfolglos verspritzt.

GORIAINOV (1914): Im Frühjahr, ehe die Knospen schwellen, mit 3,5- bis 7,5 proz. Eisensulfat unter Zugabe von 100 g Roggenmehl oder (besser) 2 bis 3 Löffel Tischlerleim spritzen.

KOKUJEV (1914): 3 proz. Lösung von Eisensulfat, ehe die Knospen schwellen, bringt nur teilweisen Erfolg.

KOROLKOV (1914, S. 69—74): Eisensulfatlösung im ersten Frühjahr.

KOROLKOV (1914, S. 1—93): 3,8 proz. Eisensulfatlösung.

KOROLKOV (1915): Mit 6—7 proz. Kupfersulfatlösung, möglichst unter Zugabe von Mehlkleister, 2 mal bald nacheinander kurz vor dem Ausschlüpfen der Larven spritzen.

KRAUS (1913): Kupferkalkbrühe brachte keinen Erfolg.

OL (1914): Im Spätherbst gegen die Eier mit Eisensulfat spritzen.

POKROVSKIĬ (1928): Eisensulfatlösungen mit Zusatz von Kalk oder Mehl.

ROMANOWSKY-ROMANKO (1915): Lösungen von Eisenvitriol. Haftfähigkeit wird durch Zusatz von Reismehl verbessert.

SPEYER (2. Beitrag, 1927): Eisenvitriol in 3—20 proz. Lösung tötete im Laboratorium im Höchstfalle 19%, im Freilande 2,3% der Eier ab.

SUDEIKIN (1913): Im Spätherbst und Vorfrühling wiederholt mit 3—5 proz. Eisenvitriollösung spritzen.

The application of iron sulfat, Astrachan (1914): 3 proz. Eisensulfatlösung, ehe die Knospen schwellen, vernichtet nicht alle Eier.

The application of iron sulfat, Batum (1916): 3 proz. Eisensulfatlösung, ehe die Knospen schwellen, vernichtet bestenfalls 30—50% aller Eier. Kalkzugabe ist nicht nötig.

6. Sonstige Mittel.

Bourcart (1926): Petroleumemulsion war erfolglos gegen die Eier.

Brittain (1922, S. 96—101): Baumschulmaterial kann man im Frühjahr (besser als im Herbst) mit Blausäure entseuchen. Karbontetrachlorid war wirkungslos.

Division of Entomologie (1928): 3proz. Ölemulsion war gegen die überwinternden Imagines und Eier von *Psylla pyricola* wirkungsvoll.

Furley (1907): Paraffinöl-Seifenemulsion, Paraffinöl + Seife + Ätznatron, Paraffinöl + Kalkmilch haben in verschiedenen Konzentrationen gegen die Eier versagt.

Jegen (1918): Im Spätherbst oder Winter mit 4proz. Schmierseife spritzen.

Miestinger (1917): Petroleum-Seifenbrühe wird empfohlen.

Pokrovskiĭ (1928): Merkuribichlorid 1:250 ergibt hohe Abtötungsprozente, ist aber zu teuer.

Reh, L. (Nachschrift zu Hahn, 1910): Im Winter 10proz. Petroleum-Seifenemulsion.

Schøyen (1897): Im Winter mit Petroleumemulsion spritzen.

Speyer (1926, S. 107): Bemerkungen zur Herstellung von Petroleum-Seifenemulsion; es wird nicht zur Anwendung gegen *Psylla mali* geraten.

Speyer (2. Beitrag, 1927): Mit Schwefelkaliumlösungen verschiedener Stärke wurde eine Abtötung von höchstens 38% erreicht; 1proz. Schmierseife + 1% rohe Karbolsäure + 5% Petroleum tötete 15%; 1% Soda + 2,5% Schmierseife + 3% Petroleum tötete 37,5%; Aphidon (ein gutes Blattlausmittel der I. G. Farbenindustrie A. G., Leverkusen) tötete 0% der Eier ab. Das Baumimpfmittel von W. Ilisch brachte keinerlei Erfolg.

Speyer (4. Beitrag, 1927): 40proz. Kalisalz in wässeriger Lösung von 3 bis 25proz. Stärke tötete im allgemeinen nicht über 20% der Eier ab; 1—20proz. Sodabrühen hatten eine Wirkung von höchstens 35%, im Durchschnitt nur etwa 10%; eine Mischung von 2% Kupfervitriol + 2% Bittersalz + 4% Speckkalk + 25% 40proz. Kalisalz hatte eine Wirkung von nur 20%. (Fürstenberg [1927] berichtete über gute Erfolge mit der zuletzt genannten Mischung.)

Taschenberg (1901): Bäume im Herbst anfetten (??).

Theobald (1903): Paraffinemulsion + Schwefel.

Theobald (1906 Worcest.): Starke Paraffinemulsion. Ebenso wie Kalkgemische nicht sehr befriedigend.

Theobald (1906, S. 37—38): Paraffinemulsion (4% Paraffin + 0,8% Seife).

Trobchen (1926) empfiehlt auf Grund eigener Erfahrung eine englische Winterspritzung: 2,5 kg grüne Seife + 1 kg Soda + 2—3 l Petroleum auf 100 l Wasser.

Wittmann (1916): Vaufluid von Kanold war erfolglos.

7. Beurteilung der Eierbekämpfungsmittel.

Von allen vorstehend aufgeführten Mitteln kommen nach meinen Erfahrungen zur Zeit nur die Theobaldsche Brühe, Schwefelkalkbrühe und Obstbaumkarbolineum für die Praxis in Betracht. Alle drei Brühen sind für die mit der Durchführung umfangreicher Spritzungen beauftragten Arbeiter recht unangenehm, am wenigsten noch das Obstbaumkarbolineum. Gesicht und Hände müssen eingefettet sein, damit die Spritzbrühe ablaufen kann, sonst treten erhebliche Schwellungen ein,

die mitunter von Fieber begleitet sind. Schutzbrillen bewähren sich
nicht, da sie zu schnell durch die Spritztropfen undurchsichtig werden.
Empfehlenswerter ist es, einen Hut mit breitem Rand oder Schirm zu
tragen. Die THEOBALDsche Brühe hat den Vorzug großer Billigkeit;
ferner strahlen die mit ihr behandelten Bäume das Sonnenlicht stark
zurück, so daß Frostschäden, die durch einseitiges Auftauen und Wieder-
gefrieren der Stämme entstehen, verhütet werden und der Knospenaustrieb eine merkliche Verzögerung erleidet. Das letztere ist in Gegenden mit Spätfrostgefahren vorteilhaft[1]. Andererseits ist ein wirklich
befriedigendes Abtötungsergebnis (ich erzielte im Freilande als Höchsterfolg 58% tote Eier) nur dann zu erreichen, wenn die Brühe sehr kon-
zentriert ist, wenn sie in großer Menge und erst kurz vor dem Laub-
ausbruch verspritzt wird. Starke Kalkkonzentration erschwert natürlich das Spritzen rein mechanisch recht unangenehm, die Spritzdüsen
verstopfen sich fortwährend, so daß durch Reinigungsarbeiten Zeit-
verluste entstehen. Daß durch die späte Vornahme der Bespritzung
die Knospen gefährdet werden, wurde oben bereits gesagt. In kleineren
Betrieben, für die die Materialkosten eine größere Rolle spielen als die
aufgewandte Arbeitszeit, mag die THEOBALDsche Brühe auch in Zukunft
nicht ganz bedeutungslos sein. Für Großbetriebe jedoch, denen es auf
schnelle und zugleich höchstwirksame Arbeit ankommt, ist das Kalk-
Salz-Wasserglasgemisch nicht geeignet.

Schwefelkalkbrühe verarbeitet sich äußerst bequem und schnell,
da alles Abwiegen, Mischen und Auflösen verschiedener Bestandteile
fortfällt. Ein Verstopfen der Spritzdüsen ist bei Verwendung sauberen
Wassers ausgeschlossen. Obwohl durch Schwefelkalkspritzungen gleichzeitig das Fusicladium ganz wirkungsvoll bekämpft wird, dürfte es in
Zukunft zur Bekämpfung der Apfelsaugereier bei Massenbefall nicht
mehr benutzt werden, da der von mir mit 33proz. Brühe in Freiland-
versuchen erzielte Höchsterfolg von 51% toten Eiern (im Durchschnitt
20%) von der Praxis weder erreicht werden kann, noch überhaupt genügt. Die oben erwähnte starke Nachwirkung der 33proz. Schwefelkalkbrühe[2] ist zwar sehr wichtig, doch wird man sich hiermit nur bei
Vorhandensein eines verhältnismäßig geringen Befalles begnügen können
(Abb. 45 und 46). Massenbefall verlangt ein sofort wirksames Mittel.
Schädliche Nebenwirkungen der Schwefelkalkbrühe wurden von mir nur
in den Fällen beobachtet, wo die starke 33proz. Spritzung bereits aus-
getriebene Knospen traf. Birnen sind bedeutend empfindlicher als

---

[1] Möglicherweise beruht ein Teil der gemeldeten Erfolge darauf, daß die
ausschlüpfenden Larven infolge des verzögerten Knospenaustriebes keine Nahrung finden können und daher sterben (siehe S. 72).

[2] Schwächere, z. B. 4proz. Schwefelkalkbrühe, die im Vorfrühling verspritzt
wird, hat bis zum Hochsommer und Herbst ihre Wirkung verloren.

Äpfel[1]. Weidevieh wurde nirgends durch die Spritzung beeinflußt. Angebliche Bienenverluste in den bespritzten Obsthöfen, über die einige Imker klagten, müssen auf andere Ursachen zurückgeführt werden, da in entsprechenden Fütterungsversuchen kein Bienensterben beobachtet wurde. In einigen Besitzungen will man beobachtet haben, daß die Legetätigkeit der Hühner vorübergehend nachgelassen hat.

Abb. 48. „Kehdinger Rambour“. Vor dem Austrieb mit 10%igem Obstbaumkarbolineum („Dendrin“) bespritzt. Vollständige Abtötung der Psyllaeier, gute Laubentwicklung. (Die in Abb. 39, 46 und 48 dargestellten Bäume stehen in unmittelbarer Nachbarschaft und wurden gleichzeitig am 24. Juni 1926 photographiert.)

Obstbaumkarbolineum. Bei unseren Versuchen in den Jahren 1926, 1927 und 1928 kamen 52 verschiedene Obstbaumkarbolineen zur Anwendung (Abb. 45, 47—48, 50—53, 59). Von diesen haben 29 Präparate in 10proz. Verdünnung zur vollsten Zufriedenheit gewirkt (Abtötungs-

---

[1] Umgekehrt wird Kupferkalkbrühe besser von Birnbäumen als von Apfelbäumen vertragen.

ergebnisse im Freilande von 85—100%), 24 von diesen auch in 5 und
einige wenige sogar noch in 2,5proz. Lösung[1]. Nur elf Präparate haben
völlig versagt, während zwölf andere wenigstens die THEOBALDsche und
Schwefelkalkbrühe noch an Wirksamkeit übertrafen[2]. Wir haben
daher in einer ganzen Anzahl sogenannter Obstbaumkarbolineen aus-
gezeichnete,
durch nichts
übertroffene
Mittel zur Ab-
tötung der
Psyllaeier. Wo-
rauf die Wirkung
der Obstbaumkar-
bolineen beruht —
ob insbesondere
dieEischalenurfür
die Dämpfe oder
auch für die Flüs-
sigkeit durchlässig
ist — kann hier
nicht erörtert wer-
den. Bedeutungs-
voll ist jedenfalls
die Beobachtung
des Verfassers, daß
auch allein die
Dämpfe der Obst-
baumkarbolineen
befähigt sind, die

Abb. 49. „Schöner von Boskoop" in Mittelnkirchen. Unbehandelt. Die
Belaubung ist zwar gut, Früchte fehlen aber fast völlig.

Eier abzutöten.
Es wurde in die-
sem Versuch am 5. 3. 28 ein stark mit Psyllaeiern besetzter Apfelzweig
(am Baum) in einen Glaskolben eingeschlossen, in dem ein mit unver-

---

[1] Vgl. auch die exakten Versuche von SHERRARD (1926, S. 297—304), der
mit Teerölspritzungen folgende Abtötungsergebnisse erzielte:

9 und 10% Teeröl: 100% tote Eier (*Psylla mali*)
7 „   5% „   98% „   „
4%   „   94% „   „
3%   „   90% „   „

[2] Es ist vorteilhafter, die Bäume mit einer Brühe von geringer Konzentration
(z. B. 5%) triefend naß zu spritzen, als mit stärkeren Brühen (z. B. 10—15%)
oberflächlich zu arbeiten. Die gleiche Feststellung findet sich in der englischen
Arbeit: The market-fruit-garden (1914).

dünntem Dendrin-Obstbaumkarbolineum getränkter Wattebausch lag, ohne den Zweig zu berühren. Am 20. 3. wurde der Kolben mit der Watte entfernt, der Zweig mit den Eiern aber erst am 4. 5. 28 untersucht: 95% der Eier waren abgestorben, die Knospen nicht geschädigt. Schädigungen der Apfelbäume treten nach unserer Erfahrung nicht ein, wenn die Spritzung vor dem Anschwellen der Knospen durchgeführt wird (Abb. 50 und 53). Da die Apfelbäume vielfach nicht in reinen Beständen sondern untermischt mit anderen Obstarten angebaut werden, ist es wichtig zu wissen, daß sich Birnen, Kirschen und Zwetschen vor dem Schwellen der Knospen ähnlich wie die Apfelbäume verhalten. Während aber Apfelknospen erst in sehr weit vorgeschrittenem Entwicklungszustand, kurz vor dem Aufbrechen,

Abb. 50. „Schöner von Boskoop" in Mittelnkirchen. Außer einer sorgfältigen Fusicladiumbekämpfung mittels Kupferkalk- und Schwefelkalkbrühe ist auch die Bespritzung mit Obstbaumkarbolineum durchgeführt worden. Reicher Fruchtansatz.

sehr empfindlich werden, kann namentlich bei Zwetschen und Pflaumen eine Spritzung auf die anschwellenden Knospen zur Vernichtung des Blütenansatzes führen[1]. Das gleiche beobachtete auch JARY (1926), der daher empfiehlt, Pflaumen nicht stärker als 6% und spätestens Ende Januar zu spritzen. Das Verhalten von Pfirsich und Aprikose ist mir aus eigner Anschauung nicht bekannt. Auch diese Frucht-

---

[1] Niederelbische Obstzüchter haben beobachtet, daß rote Pflaumensorten im allgemeinen viel empfindlicher als die blauen Sorten sind (SPEYER, 2. Beitrag, 1927).

arten dürften empfindlich sein. Infolge der hohen Benetzungsfähigkeit
der Karbolineen ist der Materialverbrauch geringer als bei Benutzung
von Schwefelkalkbrühe: während 10proz. Obstbaumkarbolineum eine
Benetzung[1] von 1,98 und 5proz. eine solche von 1,72 hat (Durch-
schnittswert zahlreicher Messungen verschiedener Präparate), erreicht
33proz. Schwefelkalkbrühe nur einen Wert von 1,14, also kaum höher
als Wasser = 1. Auf die Schwierigkeiten, die einer gleichmäßigen
und gleichbleibenden Zusammensetzung der Obstbaumkarbolineen ent-
gegenstehen, wurde oben bereits hingewiesen. Bei genügender Erfahrung
sowie sorgfältigem und gewissenhaftem Arbeiten der Fabrikanten können

Abb. 51. Ernte von zwei gleichaltrigen Bäumen der gleichen Sorte. An beiden Bäumen wurde die
Fusicladiumbekämpfung durchgeführt, nur einer jedoch erhielt die Obstbaumkarbolineumspritzung
im Winter. Dieser brachte den höheren Ernteertrag (200 kg). Phot. Dr. ROTHE.

jedoch, wie es scheint, die einzelnen Marken für sich wenigstens so weit
von gleichbleibender Beschaffenheit hergestellt werden, daß eine gleich-
mäßige Wirkung gewährleistet ist[2]. Geringfügige chemische Abwei-
chungen, die auf die Wirkung und Verarbeitung der Mittel keinen Einfluß haben, können dem Phytopathologen gleichgültig sein. Andererseits wurde bei plötzlichen Großbestellungen gelegentlich auch von
solchen Firmen, die bisher, aber in kleinerem Umfange, gute Fabrikate

---

[1] Gemessen mit dem Stalagmometer nach Professor TRAUBE. Vgl. TRAPP-
MANN, Nachrichtenbl. f. d. dtsch. Pflanzensch.dienst 1925, Nr. 12.

[2] Es ist bezeichnend für die von der Industrie erzielten Fortschritte in der
Herstellung von Obstbaumkarbolineum, daß in den letzten Jahren wesentlich
seltner als früher von Mißerfolgen berichtet wird.

hergestellt hatten, ganz minderwertiges Material geliefert und dadurch die obstbautreibende Bevölkerung und der Gedanke der Schädlings-

bekämpfung emp-
findlich geschä-
digt. Ein Karbo-
lineum ist als min-
derwertig zu be-
zeichnen, 1. wenn
es in den Fässern
einen starken Bo-
densatz bildet;
2. wenn sich eine
10 proz. wässerige
Emulsion nach
kräftigem Schüt-
teln nicht wenig-
stens 3 Tage lang
hält, ohne sich
zu entmischen;
3. wenn die 10 proz.
Emulsion bei sorg-
fältiger Anwen-
dung Anfang März
im Freilande nicht
wenigstens 85 bis
90% der Psyllaeier
abtötet [1]; 4. wenn
eine vor dem An-
schwellen der
Apfelknospen
durchgeführte
10 proz. Besprit-
zung deutliche

Abb. 52. Alter Boskoop-Baum von etwa 15 m Höhe. Der Spritzstrahl (Obstbaumkarbolineum) reichte nur 8—9 m hoch. Infolgedessen waren bis zu dieser Höhe praktisch alle Psyllaeier tot, während darüber nur 3% tote Eier gefunden wurden. Im Laufe des Sommers trugen die unteren Äste gesundes Laub und reichlich Früchte, während die oberen Äste nur sehr kümmerlich belaubt waren.

---

[1] Voraussetzung für ein alljährlich gleiches Massenauftreten des Apfelsaugers ist, daß durch natürliche Begrenzungsfaktoren 98% der Nachkommenschaft zugrunde gehen. Fallen aber nur 96% der Vernichtung anheim, so muß sich die Befallstärke verdoppeln (BREMER, 1928). Daher bringt zwar eine durch Bekämpfungsmittel erzielte Abtötungsziffer von 85—90% unbedingt eine wesentliche Entlastung der Bäume im laufenden Jahre (und damit ist die dringlichste Aufgabe gelöst), sie führt jedoch nicht, wenigstens nicht mit Sicherheit zum Erlöschen der Epidemie. Erst bei einer Vernichtung von 98% sämtlicher Eier in einem geschlossenen Gebiet wird man sich auf die Wirkung der natürlichen Begrenzungsfaktoren verlassen und für das nächste Jahr ein Abklingen der Epidemie voraussagen können.

Schädigungen des Baumes (starke Austriebsverzögerungen, Absterben von Knospen und jungen Trieben, schlechten Fruchtknospenansatz im folgenden Herbst) im Gefolge hat. — Die unter 1. erwähnten kristallinischen, großenteils aus Naphthalin bestehenden Abscheidungen bilden sich zumeist unter dem Einfluß tieferer Temperaturen. Es ist zu verlangen, daß Obstbaumkarbolineum wenigstens eine Kälte von —4 bis —5⁰ C ertragen kann, ohne Veränderungen zu erleiden. Diese Forderung ist erfüllbar, denn wir haben in Deutschland bereits ein sehr gut wirksames Fabrikat, das selbst durch bedeutend tiefere Temperaturen nicht ungünstig beeinflußt wird. Andererseits aber sollten die Verbraucher ihre Obstbaumkarbolineumvorräte möglichst frostsicher aufbewahren.

Abb. 53. Speckbirne. Vor dem Austrieb mit 10%igem Obstbaumkarbolineum bespritzt (außerdem gegen Fusicladium mit Kupferkalk- und Schwefelkalkbrühe). Gesunde Laub- und Fruchtentwicklung, keine Schädigung.

Auch solche Obstbaumkarbolineen, die den aufgeführten Forderungen entsprechen, können trotz sachgemäßer Spritzung unbeabsichtigte Schäden hervorrufen. Bei der ausgedehnten Anwendung von Obstbaumkarbolineum im niederelbischen Obstbaugebiet (s. S. 107ff.) zeigte sich, daß durch die von den Bäumen abtropfende Spritzflüssigkeit das Wasser der zahlreichen Gräben einen für Fische, Lurche, Wasserinsekten usw. tödlichen Phenolgehalt annehmen kann (SPEYER, 1927, Heft 4). Nach den Untersuchungen HOLZINGERS (1927) ist Phenol noch in der Verdünnung von 1:200000 tödlich für große Hechte. Diese

Konzentration ist an der Niederelbe zweifellos erreicht worden. Daher ging in dem dichten Grabennetz der Elbmarschen der an sich nicht sehr wertvolle Bestand an Fischen vorübergehend stark zurück. Am Ufer von Gewässern mit wertvollem Fischbestande sei man daher mit der Anwendung von Obstbaumkarbolineum vorsichtig, obwohl sich das Wasser erfahrungsgemäß recht schnell wieder entgiftet (HOLZINGER, a. a. O.)[1]. — Da auch die in oberflächlichen Erdschichten sich aufhaltenden Regenwürmer durch abtropfendes Karbolineum zugrunde gehen (SPEYER, 1927, Nr. 7), sollte man es vermeiden, frühmorgens nach besonders lauen und zugleich feuchten Frühjahrsnächten zu spritzen, in denen die Regenwürmer emporsteigen. — Wo unter den Obstbäumen Gras wächst, ist die Anwendung von Obstbaumkarbolineum unter den eben besprochenen Vorsichtsmaßnahmen unbedenklich, da zwar ein Teil des alten Grases durch die Spritzbrühe verbrennt, die Graswurzeln jedoch im allgemeinen gesund bleiben und sehr bald wieder neues Grün hervorsprießen lassen. Sonstige Unterkulturen verhalten sich verschieden. Beerensträucher sind recht unempfindlich, solange die Knospen noch nicht stark geschwollen sind. Wenn von den Erdbeeren die alten Blätter im Herbst nicht entfernt werden, sind die jungen Triebe so gut geschützt, daß den Pflanzen das abtropfende Obstbaumkarbolineum nicht ernstlich schadet. Unmöglich jedoch ist es, grüne Gemüse oder überwinternde Suppenkräuter (Spinat, Grünkohl, Wintersalat, Petersilie usw.) der Spritzbrühe auszusetzen, da nicht nur die getroffenen Blätter geschädigt, sondern auch die ganzen Pflanzen wegen des anhaftenden Teergeruchs fast ungenießbar werden. Trotz den unbestrittenen und hier mit allem Nachdruck betonten Mängeln, die den Obstbaumkarbolineen noch anhaften, wird man bei objektiver Betrachtung der vorliegenden Versuchsergebnisse zugeben, daß unter den heutigen Verhältnissen zur Bekämpfung der Apfelsaugereier ausschließlich gute Obstbaumkarbolineen in Betracht kommen. Es ist nicht unmöglich, daß Lösungen des Kalium- bzw. Natriumsalzes von Dinitro-ortho-cresol (Antinonnin) geeignet sind, für die vorliegende Aufgabe Obstbaumkarbolineum zu verdrängen (vgl. aber JARY, 1926, GIMMINGHAM und TATTERSFIELD, 1928). Bisher jedoch liegen noch nicht genügend Erfahrungen vor, um dieses

---

[1] Es liegen keine Untersuchungen darüber vor, wie lange es dauert, bis sich das in den Boden eingedrungene, von den Bäumen abgetropfte Obstbaumkarbolineum völlig zersetzt hat. Zweifellos wird die hierfür notwendige Zeit nicht nur von der Abtropfmenge, sondern auch von Bodenbedeckung, Bodenbeschaffenheit und Witterung abhängig sein. In der Rinde von Apfelbäumen, die Anfang März 1928 kräftig mit 10proz. Dendrin bespritzt worden waren, ließ sich Anfang Juli des gleichen Jahres Phenol selbst in Spuren nicht mehr nachweisen. Das Material stammte von der Niederelbe, die Untersuchung wurde im chemischen Laboratorium der Biologischen Reichsanstalt in Berlin-Dahlem ausgeführt.

Präparat — das übrigens in trockner Form explosiv ist — empfehlen zu können.

8. Versuchstechnik bei der Prüfung von Eierbekämpfungsmitteln. Wenn es sich darum handelt, die Abtötungskraft eines Mittels zu bestimmen, muß natürlich die Spritzarbeit in vollkommenster Weise durchgeführt werden. Da ganze Bäume (Hochstämme) selbst unter erheblichem Aufwand an Zeit und Material niemals lückenlos behandelt werden können, dürfen exakte Versuche nur an größeren, allseitig leicht erreichbaren und ganz freistehenden Zweigen durchgeführt werden[1]. Die Abgrenzung der behandelten Zweige gegen die unbehandelten Teile des Baumes ist leicht und wirkungsvoll durch Leimringe zu erreichen. Die durch das Spritzmittel geschädigten Eier sind mit Sicherheit erst geraume Zeit nach dem völligen Absterben zu erkennen. Leichter und zuverlässiger kann die Prüfung durchgeführt werden, wenn man wartet, bis an unbehandelten Bäumen sämtliche Larven aus den Eiern geschlüpft sind. An der Niederelbe können die ersten Tage des Mai als geeignet zur Untersuchung bezeichnet werden. Wir schneiden alsdann die behandelten Zweige einzeln ab und untersuchen sie auf eine Länge von mindestens 1 m genau mit Hilfe binokularer Lupen: das Zahlenverhältnis der in den Knospen gefundenen lebenden Larven zu den ungeschlüpften, also toten Eiern[2] ergibt die Abtötungskraft des betreffenden Mittels. Da der Leimring eine Zuwanderung von Larven aus unbespritzten Teilen des Baumes verhindert, und da andererseits die Larven infolge ihres sehr starken Klammervermögens vom Winde nicht herzu- oder davongeweht werden können, ist diese Methode von völlig ausreichender Genauigkeit.

II. Die Bekämpfung der Larven.

1. Bekämpfungsmittel. Die jungen, frisch geschlüpften Larven verstecken sich tief zwischen den jungen Blättern und Blütenknöspchen, sobald dies der Öffnungszustand der Knospen erlaubt (vgl. S. 53), und sind alsdann mit Bekämpfungsmitteln schwer zu erreichen. Am wenigsten geschützt sind die empfindlichen Tiere während der Wanderung vom Ei bis zur Knospe. Da jedoch vom Ausschlüpfen der ersten Junglarven bis zum Erscheinen der letzten mindestens 14 Tage vergehen, müßte man die gegen sie gerichtete Bespritzung mehrfach im Laufe des April wiederholen, wenn man

---

[1] Auch kleinere Buschbäume können geeignet sein. Es hat sich aber nicht bewährt, die Versuche an abgeschnittenen Zweigen im Laboratorium oder Gewächshaus durchzuführen, da einerseits eine Beschleunigung der Eientwicklung nur in geringem Maße zu erreichen ist, und da andererseits die Zweige nebst den Eiern durch den langen Aufenthalt in unnatürlichen Verhältnissen geschädigt werden.

[2] Eine Verwechslung mit unbefruchteten Eiern ist kaum möglich.

einen nennenswerten Erfolg erzielen will. Es ist sogar ernsthaft empfohlen worden, in dieser Zeit einige Tage lang mehrmals täglich zu spritzen (Wittmann, 1916; Krause, 1918)! Für den Erwerbsobstzüchter dürfte dies Verfahren zu kostspielig sein. Allenfalls bei sehr spät austreibenden Apfelsorten, bei denen sich häufig die jungen Larven auf den noch geschlossenen Knospen in großer Zahl ansammeln, ohne Einlaß zu finden, kann man schon mit einer einmaligen Bespritzung zum Ziele kommen, wenn gerade der geeignete Zeitpunkt gewählt wurde. Erst wenn sich die Winterknospen soweit geöffnet haben, daß die einzelnen noch grünen Blütenknöspchen freiliegen, sind die Larven wieder erreichbar. Dieser Zeitpunkt liegt an der Niederelbe etwa Anfang Mai. Da die größtenteils im II. und III., teilweise bereits im IV. Stadium stehenden Larven unter ihren Wachsausscheidungen geschützt sind, müssen die Spritzmittel gut benetzen und die Fähigkeit der Wachsauflösung besitzen. Bei Erfüllung dieser Voraussetzung ist mit zahlreichen sogenannten Kontaktgiften[1] etwas zu erreichen. Awati (1915) rät, in der Mittagshitze und bei Wind zu spritzen. Zu dieser Tageszeit sind aber auch die jungen Blätter recht empfindlich.

In der Literatur fanden sich folgende Mitteilungen über Larvenbekämpfung:

Aeble-Bladloppen (1927): Wenn die Winterspritzung unterblieben ist, zur Zeit der Blüte mit 0,1% Nikotin + 1% Seife spritzen. Nikotin läßt sich auch zur Bordeauxbrühe hinzufügen, aber ohne Seife.

Anonymus (1926): $1/_2$% Petroleum-Seifenbrühe + 1% Tabakextrakt.

Averin (1913, Nr. 1): 2proz. Tabakbrühe oder 1,5—2proz. Quassiaseifenbrühe.

Awati (1915): Am besten 1% Schmierseife + 0,25% Kreosot.

Balabanow (1915, Nr. 1): Kalkmilch mit Zusatz von Schmierseife, sobald die ersten Larven ausschlüpfen, tötet Larven und Eier.

Balabanow (1915, Nr. 6 und 7): Nikotinspritzungen können durch Tabakräucherungen ersetzt werden.

Baunacke (1926): Natron-Schmierseifenbrühe (0,5% Ätznatron + 0,25% Schmierseife).

Blattny (1924): Tabakextrakt.

Bourcart (1926): 0,5% Karbolsäure + 0,5% Schmierseife.

Brittain (1919): Spritzen mit Nikotinsulfat. Stäuben weniger wirksam.

Brittain (1922, S. 96—101): Spritzen mit 0,75% Nikotinsulfat oder stäuben mit 2% und mehr Nikotinsulfat mit Schwefel oder Kalk als Basis.

Brittain (1923, Bull. 10): Während der Blüte stäuben mit Schwefel-Nikotin. Kupfer-Kalk-Nikotin-Staub war weniger wirksam.

Brizovsky (1915): Wenn die Larven sich auf den noch geschlossenen Knospen ansammeln, ist der günstigste Zeitpunkt zur Bekämpfung.

Carpenter (1909): Gegen die schlüpfenden Larven mit Quassia- oder Nikotinbrühen spritzen, auch Mischungen von Eisenvitriol + Natriumhydroxyd + Paraffinöl.

---

[1] Die Wahl des richtigen Zeitpunktes ist ebenso wichtig wie die Zusammensetzung der Spritzbrühe.

Collinge (1905): Beim ersten Erscheinen der Larven, Mitte April, mit Schmierseifenbrühe spritzen.

Engelmann (1904): Quassiabrühe oder Petroleumemulsion.

Ferdinandsen und Rostrup (1919): Tabak-Seifenbrühe (0,1% Nikotin + 1% Seife).

Fryer (1921): Nikotin-Schmierseifenbrühe.

Fürstenberg (1921): Mit „Sommerfluid" der Firma Kanold spritzen.

Glasenapp (1913): Während der Blüte 2mal täglich mit Tabakbrühe spritzen (1 Teil Nicotiana rustica in 30 Teilen Wasser $^1/_4$ Stunde gekocht und zur Abkochung noch 60 Teile Wasser hinzugefügt).

Goriainov (1914): Ehe die Larven in den Knospen versteckt sind, mit Quassiabrühe, Tabakbrühe oder Karbolsäureemulsion spritzen.

Hagan (1918): Tabaklauge.

Hauptstelle Dahlem (1924): Nikotin-Quassiaseife; 2% Kupfervitriol (? der Verfasser).

Heeschen (1910): Kanolds Fluid 1proz. bringt vollen Erfolg. Nach brieflicher Mitteilung vom 30. 12. 1922 wirkten Nikotin-Harzseife und Floraevit noch besser.

Heil (1926): 2% Thomilon (I. G. Farbenindustrie A. G., Hoechst a. M.).

Jegen (1918): 2% Schmierseife.

Kelsall (1923): Wo *Psylla mali* häufig ist, soll allen Spritzflüssigkeiten oder Staubmitteln Nikotin zugefügt werden.

Kokujev (1914): 4—6 l Tabakextrakt in 100 l Wasser.

Korolkov (1913): Erfolge kann man nur bei 2maliger Wiederholung der Spritzung haben.

Korolkov (1914, S. 69—74): Tabak- oder Seifenbrühe.

Korolkov (1914, S. 1—93): 1% Karbolsäureemulsion nicht so schnell wirksam wie Tabak-Seifenbrühe, aber doch gut und wesentlich billiger.

Korolkov (1915): Tabakbrühe.

Krause (1918): Wenn die Larven ausschlüpfen, mehrere Tage lang 1—2mal täglich mit Hohenheimer- oder Tabakbrühe spritzen.

Lampa (1897): Spritzen mit Petroleumemulsion, Tabak- oder Quassiaseifenbrühe.

Lees (1919): Spritzen mit 2% Schmierseife + 2% Paraffinöl + 0,05% Nikotin.

Ludwigs (1921): Gute Erfolge mit „Venetan", das aber für Großbetriebe zu teuer ist.

Ludwigs (1923): Die Triebspitzen im April mit 1—2proz. Nikotin-Seifenbrühe bespritzen.

Lundblad (1920): Lösungen von Nikotinsulfat.

Miestinger (1917) Wiederholt mit Tabak-Spiritus-Seifenbrühe, Petroleumemulsion oder Hohenheimerbrühe spritzen.

Mitzenheim (1925): Kurz vor der Blüte mit 1,25—2% „Venetan" (I. G. Farbenindustrie A. G., Leverkusen), 1 Stunde später mit Wasser nachspritzen.

Naumann (1915): Tabak-Seifenbrühe, unter Umständen mit Zusatz von Spiritus.

Ol (1914): Petroleumemulsion.

Ormerod (1898): Larven selbst mit Quassia- oder Nikotin-Seifenbrühe nicht zu bekämpfen.

Pekrun (1916): Vor und nach der Blüte mit 2proz., während der Blüte mit 1proz. Obstbaumkarbolineum spritzen.

Petherbridge (1916): Nikotin-Seifenbrühe (0,5% Reinnikotin + 1% Schmierseife). An Stelle von Seife kann Sirup genommen werden.

Platonov (1915): Tabak- oder Quassiaseifenbrühe.

Pliginsky (1916, S. 443—446 und 1917): Räuchern mit Tabakstaub[1].

Poisonous plants (1915): Extrakt von *Claviceps purpurea* mit Wasser verdünnt (1:10) hat tödliche Wirkung.

Prochorov (1915): Tabakbrühe (Abkochung von 2 kg Tabakstaub in 100 l Wasser).

Rakushev (1914): „Carbolic emulsion“, bestehend aus 1,1 kg roher Karbolsäure + 1,4 kg Kaliseife + 300—320 l Wasser.

Reh (1916): Petroleumemulsion oder Quassia- bzw. Tabak-Seifenbrühe.

Reh (1927, Nr. 1): Sobald die Blütenblätter gefallen sind, mit $1/_2$% Nikotinsulfatbrühe (oder 1% Kanolds Fluid) spritzen.

Schøyen (1897): Mehrmals mit Petroleumemulsion oder Tabakbrühe spritzen.

Schøyen (1903): Petroleumemulsion oder Tabakbrühen.

Schøyen (1914): Nikotin-Seifenbrühe.

Schøyen (1916): Nikotinspritzungen wirken oft ausgezeichnet.

Smith (1920): Vor und nach der Blüte mit Nikotin-Seifenbrühe spritzen. (47 g 98—99 proz. Nikotin + 1 kg Schmierseife + 100 l Wasser). Nicht nur gegen *Plesiocoris rugicollis*, sondern auch gegen *Psylla mali* wirksam.

Speyer (1926, S. 107): Die Herstellung der Petroleum-Seifenemulsion ist zu umständlich.

Speyer (1927. Die Landwirtschaft Nr. 27): Zahlreiche Mittel wurden geprüft (siehe unten).

Speyer (3. Beitrag, 1927): Zahlreiche Mittel wurden geprüft (siehe unten).

Speyer (1927, Nr. 10): Zahlreiche Mittel wurden geprüft (siehe unten).

Sudeikin (1913): Tabak- oder Quassiabrühen.

Taschenberg (1901): Seifenbrühe; 1% Sapokarbol; Quassiabrühe; Petroleumemulsion; Pyrethrumauszüge + Schmierseife; Tabakbrühen; $1/_4$—3% Lysol; Antinonnin (1:300 bis 1:500); Schwefelkaliumlösung; Tabakräucherung[1].

The apple sucker (1893): Wenn die Knospen offen sind und die Larven freiliegen, mit Paraffinemulsion oder Karbollösung spritzen.

The application of iron sulfat, Astrachan (1914): Da Eier oft nicht vollzählig vernichtet, später gegen die jungen Larven mit 1,8—2,7% Tabakbrühe spritzen.

The Market Fruit (1914): 0,6—0,8% Schmierseifenbrühe. Lieber mit schwacher Lösung triefend naß spritzen, als mit starker nur oberflächlich.

Theobald (1904, S. 45—48 und 1904, Bull. 44): Quassiaseifenbrühe.

Theobald (1905): Die Larven sind zu sehr geschützt.

Theobald (1906 Worcest.): Paraffinemulsion bei öfterer Wiederholung wirkungsvoll, aber im Großbetrieb nicht durchführbar.

Theobald (1909, S. 38): Wenn die Blüten sich öffnen, mit Nikotin spritzen.

Theobald (1909, S. 153—165): Gegen die Larven zu spritzen, bringt wenig Erfolg, da sich das Schlüpfen über eine lange Zeit erstreckt. Am besten Tabakbrühen oder Paraffinemulsionen. Letztere verursachen häufig Blattverbrennungen.

Trede (1922): Spritzen mit starkem Wasserstrahl oder Seifenbrühe oder Tabakbrühe oder Schwefelkalkbrühe oder Solbar.

Trobchen (1926): $1^1/_2$ kg Schmierseife + $1/_2$ kg Dalmatinisches Insektenpulver + 50 g Schwefeläther in 100 l Wasser.

Tullgren (1917): Quassiabrühe gleich nach dem Ausschlüpfen der Larven bringt bei sorgfältiger Anwendung guten Erfolg.

---

[1] Vgl. den folgenden Abschnitt über die Bekämpfung der Imagines.

Umnov (1913): Spritzung mit Quassiaseifenbrühe nur erfolgreich bei frühzeitiger Anwendung, ehe die Larven in den Knospen versteckt sind. Dies ist aber sehr schwierig zu erreichen.

Wittmann (1916 und 1926): Wenn die Larven aus den Eiern schlüpfen, mehrere Tage lang täglich 1—2 mal mit Tabakbrühen oder Hohenheimerbrühe spritzen. Bei spätblühenden Sorten sind die besten Erfolge zu erzielen.

In meinen bisher erst teilweise veröffentlichten Versuchen (Speyer, 1927, 3. Beitrag) kamen 24 verschiedene Handelspräparate (Blattlausbekämpfungsmittel), außerdem mit Nikotinsulfat, Tabakextrakt, Schmierseife, Quassiaabkochungen in verschiedenen Mischungsverhältnissen selbst hergestellte Brühen zur Anwendung. Es zeigte sich, daß zwar die Benetzungsfähigkeit des Spritzmittels von wesentlicher Bedeutung sein kann, daß jedoch manche Mittel mit geringerer Benetzungskraft gleichwohl die höchste Wirkung erzielen. In diesen Fällen handelt es sich um solche Flüssigkeiten, die nicht nur durch unmittelbare Berührung, sondern auch durch ihre Dämpfe auf sehr versteckt sitzende Tiere giftig wirken. An erster Stelle stehen zweifellos die nikotinhaltigen Brühen. Eine Brühe, die 0,3% Nikotinsulfat (mit 40% Nikotingehalt) oder 1,5% Tabakextrakt (mit 8—10% Nikotingehalt) und 0,5% Schmierseife enthält, genügt allen Anforderungen. Quassiabrühen wirken bei sehr sorgfältiger Arbeit ebenfalls gut, doch niemals so durchschlagend wie Nikotinbrühen. Von den Handelspräparaten bewährten sich u. a. die Mittel „Exodin" (Kahlbaum-Schering A.-G. Berlin) „Nicota" (R. Sommerhalder, Burg, Schweiz), „Aphidon" (I. G. Farbenindustrie A.-G. Wolfen), „Hohenheimer Brühe" (Pflanzenschutz G.m.b.H. Schweinfurt a. M.) und V-Fluid$_2$ von M. Kanold-Hamburg. Kontaktgifte als Staubmittel bewährten sich nicht. (Zur Bekämpfung saugender Insekten hält Sanders, 1921, Staubmittel in allen Fällen für weniger geeignet als Spritzmittel.) Die Obstzüchter sind naturgemäß bestrebt, die für die Schädlingsbekämpfung notwendigen Arbeiten zu verringern. Es ist allerdings möglich, die Psyllalarvenbekämpfung mit der Fusicladiumbekämpfung in einem Arbeitsgange zu vereinen. Dabei ist jedoch folgendes zu beachten: Zu Kupferkalkbrühe sollten nach meiner Erfahrung Zusätze mit Seifengehalt nicht gegeben werden, da sonst wasserunlösliche Kalkseife ausgefällt wird (vgl. auch Aeble-Bladloppen, 1927); es ist also nur Tabakextrakt oder Nikotinsulfat hinzuzufügen. In Schwefelkalkbrühe geben sowohl Nikotinsulfat wie Tabakextrakt Ausflockungen von verschiedener Stärke. In unseren Versuchen eignete sich Tabaksextrakt noch am besten für diese Mischung. Dringend zu warnen ist vor einer Mischung von Schwefelkalkbrühe mit Quassiabrühe, da — auch ohne Seifenzusatz — die Blätter hierdurch erheblich geschädigt werden.

2. Versuchstechnik bei der Prüfung von Larvenbekämpfungsmitteln. Wie bei der Eierbekämpfung empfiehlt es sich auch hier, die verschiedenen Versuche nicht an ganzen Bäumen durchzuführen. Da die Wirkung der Spritzmittel bereits nach 4—5 Tagen mit Sicherheit zu erkennen ist, kann man mit abgeschnittenen und in Wasser gestellten Zweigen arbeiten. Allerdings ist an Wasserkulturen der Einfluß der Spritzmittel auf die Blätter nicht so zuverlässig zu erkennen wie am lebenden Baum, andererseits können flüchtige Gifte im geschlossenen Raum sehr viel anhaltender wirken als in freier Luft. Aus diesen Gründen führten wir unsere Versuche in gleicher Weise wie bei der Eierbekämpfung an einzelnen, durch Leimringe abgegrenzten Zweigen schwer befallener Bäume im Freilande aus. Die Ergebnisse sind bei dieser Methode durchaus befriedigend, da die abgetöteten Larven größtenteils in den Knospen liegen bleiben. Zur Kontrolle werden die 4—5 Tage nach dem Spritzen abgeschnittenen Zweige mit Hilfe binokularer Lupen untersucht. Das Zahlenverhältnis der lebenden zu den toten Larven ist ein Maß für die Abtötungskraft des benutzten Mittels.

III. Die Bekämpfung der Imagines.

Gegen die Imagines kann mit mechanischen Fangmethoden, mit Spritzmitteln und mit Räuchermitteln vorgegangen werden. Der Kampf wird am erfolgreichsten durchgeführt, wenn die Apfelsauger ihr Umherschweifen beendet, sich also größtenteils wieder auf den Apfelbäumen versammelt, aber mit der Eiablage noch nicht begonnen haben. Die günstige Zeit ist demnach auf wenige Wochen oder gar Tage beschränkt. In der Literatur finden sich folgende Angaben über die Bekämpfung der Imagines:

BRITTAIN (1922, S. 96—101): Anwendung von nikotinhaltigem Staub, bestehend aus 2% oder mehr Nikotinsulfat (40% Nikotingehalt) und Schwefel — oder besser Kalkstaub — als Träger. Oder Räuchern mit 400 kg Tabakabfällen je 1 ha.

BRITTAIN (1923, Bull. 10): Bekämpfung erst kurz vor der Eiablage durchführen, in Kanada Ende August.

COLLINGE (1905): Spritzen mit Paraffinölemulsion ist die beste Bekämpfungsart.

DOBRODEEV (1914): Erfinder des Tabakräucherverfahrens sind PORTCHINSKY und GAIKE. Der Rauch muß mindestens 1 Stunde lang wirken. Qualm von Stroh ohne Tabakzusatz ist unwirksam. Nach Regen bei ruhigem Wetter am erfolgreichsten.

FRYER (1921): Spritzen mit Paraffinöl- oder Creosotemulsion vor der Eiablage.

GOLITZYN (1916, Februar und August): Mit dem Räuchern an den Gartenrändern beginnen, nachdem vorher das Gras gemäht ist. Tabak in einzelnen, nicht weiter als 20 m voneinander entfernten Haufen verteilen. Jeder Haufen enthält 12 kg Tabakstaub und 24 kg Stroh. Sehr gute Erfolge.

GORIAINOV (1914 und 1915): Vor der Eiablage mit Tabakstaub + Stroh räuchern.

KOROLKOV (1914, S. 1—93): Räuchern mit Tabak. Gemeinsames Vorgehen der Nachbarn ist erforderlich.

OL (1914): Räuchern mit Tabak.

ORMEROD (1898): Die Imagines in Regenschirme, die mit Leim bestrichen sind, abschütteln, oder sie aufscheuchen und mit Klebfächern fangen.

ORZHELSKY (1914 und 1915): Am besten abends räuchern, kurz vor der Eiablage. Da Tabakabfälle teuer sind, sollten Obstzüchter selbst Tabak anbauen. Sehr gute Erfolge.

PLATONOV (1915): In den Monaten Mai und Juni gegen Imagines mit Tabak räuchern.

PLIGINSKY (1916, S. 101—103 und S. 443—446; 1917): Das beste und zugleich billigste Verfahren ist Räuchern mit Tabaksqualm. Nach dem Räuchern versuchsweise über 8000 herabgefallene *Psylla* aufgesammelt: nur 12 zeigten schwaches Leben. Für einige Parasiten des Apfelsaugers ist der Qualm unschädlich.

REH (1913): Im Herbst nach der Ernte hochprozentige Petroleumemulsion mit starkem Strahl in die Bäume spritzen.

REH (1927): Räuchern mit Tabak.

ROMANOWSKY-ROMANKO (1914): Erinnert an die von GAIKE im Gouvernement Oral 1910—1912 erfolgreich durchgeführten Tabakräucherungen.

SPEYER (Die Landwirtschaft Nr. 23, 1926): Klebfächer werden versuchsweise empfohlen.

SPEYER (Anzeiger für Schädlingskunde 1928): Bericht über die mit Nikotinräucherung erzielten Erfolge.

SVJATOWITCH (1914): Räuchern mit Tabak.

TASCHENBERG (1901): Im Herbst die Bäume anfetten (?).

The apple sucker (1893): Im Herbst nach der Ernte mit Paraffinemulsion spritzen, um Imagines teils zu töten, teils von der Eiablage abzuschrecken: 18 l Paraffinöl + 450 g Schmierseife in 100 l Wasser.

THEOBALD (1904, S. 45—48): Mit Paraffinölemulsionen gegen die Imagines im Herbst spritzen. Bei rechtzeitiger Anwendung kann die Eiablage verhütet werden.

THEOBALD (1905): Gleich nach der Ernte mit hochprozentiger Paraffinölemulsion spritzen. Weißdornhecken ebenfalls behandeln, da Imagines von dort überwandern.

THEOBALD (1906, Worcest.): Herbstspritzung mit Paraffinölemulsion gelegentlich wirkungsvoll.

THEOBALD (1909, S. 153—165): Im Herbst Paraffinölemulsion.

UMNOV (1913): Anfang Juni bis August mit Tabak räuchern. Sehr erfolgreich.

WITTMANN (1926): Im Spätsommer mit Petroleum-Seifenemulsion spritzen. 2 proz. Obstbaumkarbolineum zu diesem Zweck nicht brauchbar.

Von den hier mitgeteilten Methoden erscheint die Anweisung der Miß ORMEROD am wenigsten durchführbar. Gleichwohl machten wir einen Versuch mit Klebfächern. Ein an kräftigem Stock befestigter Rahmen mit 35 cm Seitenlänge wurde mit Maschendraht ($^1/_4$ qcm Maschenweite) bespannt und alsdann mit hellem Raupenleim bestrichen. Während ein Gehilfe die Äste erschütterte, wurde mit dem Klebfächer nach den in dichter Wolke auffliegenden Apfelsaugern geschlagen. Es gelang hiermit, innerhalb 10 Minuten 2000 Imagines zu fangen. Abgesehen aber davon, daß man auf diese Weise doch nur einen verschwindend kleinen Prozentsatz der Gesamtmenge fangen kann, ist das Verfahren zu zeitraubend und mühsam. Auch der Methode von THEOBALD, der gleich nach der Ernte mit hochprozentigen Paraffinöl-Emulsionen spritzen will, haften erhebliche Mängel an. Da die Imagines vornehmlich auf den Blattunterseiten sitzen, kann selbst bei sorgfältigster Spritzarbeit die Mehrzahl der Tiere durch die Spritzbrühe gar nicht getroffen werden. Dies gilt wenigstens für Hochstämme. Überdies ist der Erwerbsobstzüchter in den Wochen nach der Ernte durch Sortieren, Verpacken usw, noch so stark in Anspruch genommen, daß dieser Zeitpunkt für ausgedehnte Baumbespritzungen denkbar ungünstig ist. Demgegenüber hat das namentlich von russischen Forschern empfohlene Räuchern mittels Tabakqualm wesentliche Vorzüge. Es kann keinem Zweifel unterliegen, daß durch Nikotinräucherungen praktisch alle vorhandenen Psylla vernichtet werden können. Daß dieses Verfahren aber auch Nachteile hat, daß es z. B. sehr stark von der Jahreszeit und vom Wetter abhängig ist, daß es nur in großen zusammenhängenden Anlagen durchgeführt werden kann, daß es für mittel- und nordeuropäische Verhältnisse recht

Abb. 54. Nikotinverdampfung gegen Apfelsauger-Imagines. (Schweltöpfe der Fa. Dr. STOLTZENBERG in Hamburg.)

kostspielig ist, kann leicht erkannt werden. Ich machte im August 1925 einen Versuch mit Nikotinschweltöpfen der Firma Dr. H. STOLTZENBERG in Hamburg (SPEYER, 1928). Es handelte sich um etwa $1/2$ m hohe eiserne Töpfe, die das Nikotin mit einem brennbaren Körper vermischt enthielten; die Zündung erfolgte elektrisch mit Hilfe einer Taschenbatterie. Der etwa $1/2$ Stunde lang den Töpfen entströmende Qualm (Abb. 54) erwies sich als hochgiftig für die Psylla-Imagines, ohne Menschen oder Nutzvieh ernstlich zu gefährden. Nach Schluß der Vergasung zählten wir auf ausgelegten Papierstreifen je Quadratmeter durchschnittlich 210 Apfelsauger. Ebenso wie PLIGINSKY (Februar 1916) stellte ich fest, daß nur vereinzelte Tiere noch schwache Lebenszeichen gaben. Da es während des Versuchs leicht regnete, werden etwa ebensoviele abgetötete Psylla auf den nassen Blättern hängen geblieben und nicht zu Boden gefallen sein. Man kann daher annehmen, daß die größeren Apfelbäume mit je 8 m Kronendurchmesser von etwa 10 bis 20000 Apfelsaugern durch die Begasung befreit worden sind. Die Einführung dieser vielversprechenden Methode scheiterte an den zu hohen Kosten. Auch im Forstschutz hat man das Verfahren nach teilweise recht erfolgreichen Versuchen (WALTER, 1925) nicht weiter verfolgt.

B. Biologische Bekämpfung.

Aus dem Abschnitt D, S. 65—70 geht hervor, daß die Apfelsauger eine größere Zahl von Feinden und auch Parasiten haben. Praktische Bedeutung hat bisher nur der 1920 in Kanada eingeführte (DUSTAN, 1923) und von DUSTAN (1923—1927) eingehender studierte Pilz *Entomophthora sphaerosperma* FRES. erlangt. Die in kleinen Zuchtkästen zum Fruktifizieren gebrachten Pilze wurden mit zahlreichen Apfelsaugern in sehr große, 2,4 m hohe Zuchtbehälter übertragen, um dadurch reichliches Infektionsmaterial zu erhalten. Die Krankheitsträger wurden alsdann zunächst in schlecht gepflegten und zu dichten Obstanlagen ausgesetzt, von wo sich die Seuche bald weiter verbreitete.

Wenn auch durch die insektenfressenden Singvögel eine Psylla-Kalamität kaum vollständig wird verhütet werden können, so empfiehlt es sich doch, einen verständigen Vogelschutz zu treiben.

C. Bekämpfung durch Kulturmethoden.

Auf S. 51 u. 62 wurde gezeigt, daß zwar die einzelnen Apfelsorten verschieden stark befallen werden und überdies nicht gleichmäßig unter dem Befall zu leiden haben, daß aber von eigentlich immunen Sorten nicht gesprochen werden kann[1]. Am wenigsten gefährdet sind diejenigen Sorten, die im Frühjahr so spät austreiben, daß die bereits vorher geschlüpften jungen Psyllalarven Nahrungsmangel leiden und zugrunde gehen. Auch WITTMANN (1919) empfiehlt in gefährdeten Gebieten Spätblüher anzupflanzen, weil die auf den noch geschlossenen Knospen sich ansammelnden Larven leicht bekämpft werden können. Er nennt folgende Sorten: Kaiser Alexander, Königlicher Kurzstiel, Baumanns Reinette, Gäsdonker Reinette, Champagner Reinette, Zuccalmaglios Reinette, Ananas Reinette, Graue französische Reinette, Parkers Pepping, Rheinischer Winterrambour, Lanes Prinz Albert, Danziger Kantapfel, Boikenapfel, Luikenapfel, Luisenapfel, Spätblühender Taffetapfel, Weißer und Brauner Matapfel, Roter Bellefleur, Schöner von Wiedenbrück, Späher des Nordens, Ülzener Kalvill, Krügers Dickstiel, Gas-

---

[1] Nicht nur viele Blattläuse besitzen einen sehr stark spezialisierten Geschmack, auch manche Jassiden scheinen sich so zu verhalten (vgl. PARNELL, 1925).

cognes Scharlachsämling, Schöner von Hants, Roter Winterhimbeerapfel. Es erscheint aber nach Lage der Dinge ausgeschlossen, daß es jemals gelingt, allein durch Sortenwahl und Immunzüchtung zum Ziele zu kommen, zumal der Obstmarkt sowohl Früh- und Spätsorten wie Tafel- und Wirtschaftsfrüchte (also empfindliche und weniger empfindliche Äpfel) verlangt.

Sehr viel aussichtsreicher ist es, in anderer Weise für die Apfelsauger ungünstigere Lebensbedingungen zu schaffen. Da sehr dichte Anlagen mit feuchtwarmer, verhältnismäßig wenig bewegter Luft den Apfelsaugern besonders zusagen, muß man bestrebt sein, in gefährdeten Gebieten eine recht lichte Pflanzweite zu wählen. In Küstenstrichen, wo rauhe Seewinde häufig sind, kann allerdings unter Umständen Windschutz durch Hecken oder enge Pflanzung noch wichtiger für das Gedeihen der Bäume sein. Die gemischte Pflanzweise (Äpfel, Birnen, Kirschen und Zwetschen), die natürlich nur bei bestimmten Bodenverhältnissen zulässig ist, bringt in dichten Anlagen keinerlei Vorteile; sie ist aber bei großen Baumabständen sehr wohl geeignet, den Nutzen der lichten Bestände noch zu vergrößern. Daß große zusammenhängende Flächen, die im wesentlichen nur mit einer Kulturpflanze bebaut werden, von Insektenkalamitäten besonders schwer bedroht sind, haben auch Forstwirtschaft, Wein- und Rübenbau wiederholt erfahren müssen. Eine für alle Verhältnisse gültige Regel bezüglich der Pflanzweite kann natürlich nicht gegeben werden. Höchstens jedoch sollten je 1 ha 100 bis 120 Apfelhochstämme stehen. Auch die Kronen müssen in verständiger Weise ausgelichtet werden, damit Licht und Luft an die inneren Zweige kommen können (vgl. auch KÜSTER, 1926, S. 616 und WITTMANN, 1919 und 1926).

Kräftige, sachgemäße Düngung — die wiederum von den örtlichen Verhältnissen abhängig ist — hilft den mit Psyllalarven besetzten Bäumen sehr wesentlich, den erlittenen Verlust von Zucker und Eiweiß so rechtzeitig auszugleichen, daß wenigstens ein Teil der Blüten, Früchte und Blätter sich annähernd normal entwickeln kann. Wenn bei starkem Psyllabefall durch Sonne und Wind eine besonders lebhafte Transpiration hervorgerufen wird, ohne daß es den Apfelbäumen möglich ist, den gesteigerten Wasserverlust im gleichen Tempo zu ersetzen — sei es, daß der Boden tatsächlich oder physiologisch trocken ist — dann muß es zu Schädigungen schwerster Art kommen. Mit der Düngung ist also die Regelung des Luft- und Wasserhaushaltes des Bodens eng verknüpft.

D. Beurteilung der verschiedenen Bekämpfungsverfahren.

Vergleicht man die hier beschriebenen Bekämpfungsmethoden, so zeigt sich, daß ein für alle Verhältnisse passender Arbeitsplan nicht aufgestellt werden kann, daß es vielmehr ausschlaggebend ist, ob es sich um Erwerbsobstbau (Großbetriebe bzw. Kleinbetriebe) oder Liebhaberobstbau handelt. Während z. B. der Kleingartenbesitzer seine Buschbäume mit einem guten Larvenbekämpfungsmittel praktisch vollkommen entseuchen kann, wird der Besitzer einer größeren Hochstammanlage weder auf diese Weise das Ziel erreichen noch überhaupt die hierfür notwendige Zeit aufbringen können. Selbst die theoretisch sehr verlockende Verbindung der Psylla- mit der Fusicladiumbekämpfung in einem Arbeitsgang ist in der Praxis nur mit geringem Vorteil durchführbar, da bei sachgemäßer Fusicladiumbekämpfung die Blätter nur leicht übersprüht werden dürfen, während die Larvenbekämpfung eine durchdringende Bespritzung erfordert. Ferner muß man dort, wo empfindliche Unterkulturen in der Anlage sind, vorsichtiger in der Wahl der Spritzmittel sein als dort, wo die Bäume im Grasland stehen usw.

Ob sich die kanadische biologische Methode mit Hilfe des Pilzes *Entomophthora sphaerosperma* für die deutschen Verhältnisse eignet, kann zur Zeit noch nicht entschieden werden. Was im Abschnitt über Kulturmethoden gesagt ist, sollte freilich unter allen Verhältnissen berücksichtigt werden. Grundsätzlich ist von allen technischen Methoden die Vernichtung der Eier am vorteilhaftesten[1]: 1. Der Erwerbsobstzüchter kann in den zum Spritzen geeigneten Monaten Februar und März ohne große Schwierigkeit die hierfür nötige Zeit erübrigen; 2. wir besitzen in einer ganzen Anzahl sogenannter Obstbaumkarbolineen die geeigneten Mittel, um in bequemer Arbeit praktisch sämtliche Psyllaeier abzutöten; 3. die Eierbekämpfung rettet uns die Ernte des laufenden Jahres und zwar unabhängig vom Fleiß oder von der Saumseligkeit der Nachbarn. — Demgegenüber kommt selbst die erfolgreichste Larvenbekämpfung erst dann zur Wirkung, wenn bereits mehr oder weniger großer Schaden getan ist (abgesehen von der technisch undurchführbaren Bekämpfung der Junglarven während ihrer Wanderung zu den Knospen). Überdies ist die Larvenbekämpfung auch kostspieliger als die Eierbekämpfung: der Preis für Obstbaumkarbolineum beträgt etwa 0,55 RM je 1 kg; bei Großbestellungen werden die Kosten wesentlich geringer. Tabaksextrakt (8—10proz.) kostet 3,50 RM je 1 kg und Nikotinsulfat (40proz.) 15,— RM. Unter Berücksichtigung dieser Preise kostet das Material zur Behandlung eines alten Apfelhochstammes mit 5proz. Obstbaumkarbolineum 0,82 RM; mit 1,5proz. Tabaksextraktbrühe 1,57 RM; mit 0,3proz. Nikotinsulfatbrühe 1,36 RM. Dabei ist der für die Tabakbrühen notwendige Seifenzusatz noch nicht berechnet[2]. Wenn es mit einer verbesserten und verbilligten

---

[1] In dem gleichen Sinne äußern sich zahlreiche Autoren, z. B. LUDWIGS (1924) und Anonymus (1926), während noch CARPENTER (1909) die Larvenbekämpfung für zuverlässiger hielt.

[2] Man muß je Hektar (= etwa 120 Hochstämme) einen Flüssigkeitsver-

Räuchermethode gelingt, die Anlagen vor Beginn der Eiablage in ausreichender Weise zu entseuchen, so müßte man doch stets mit einer Neuzuwanderung legereifer Tiere aus der Nachbarschaft rechnen. Larvenbekämpfung und Räuchermethode haben daher nur dort Berechtigung, wo man die rechtzeitige und gewissenhafte Durchführung der Eierbekämpfung versäumt hat, oder wo Tabakabfälle besonders billig zur Verfügung stehen.

E. Massenwechsel und Schaden des Apfelsaugers an der Niederelbe.

(Hierzu 1 Karte von der Niederelbe.)

Die erste Meldung vom Vorhandensein des Apfelsaugers an der Niederelbe stammt von REH (1902, S. 184), der den Schädling in geringer Zahl in den sogenannten „Vierlanden" bei Hamburg feststellte. Im Jahre 1905 war *Psylla mali* im „Alten Lande" (Kreis Jork) bereits sehr zahlreich (LÜBBEN, 1906, S. 20); die in seinem Massenauftreten liegende Gefahr wurde 1910 von HEESCHEN (1910, S. 270) erkannt. Aber erst, nachdem die 1920 in Stade errichtete Zweigstelle der Biologischen Reichsanstalt für Land- und Forstwirtschaft öffentlich vor dem gerade in diesem Jahre[1] sehr gefährlich auftretenden Schädling gewarnt hatte, wurde die Allgemeinheit der Obstzüchter aufmerksam (BRAUN, 1922 und 1926). Nach einem Bericht des Obstbaulehrers Trede in Jork, der auch schon 1922 auf die Notwendigkeit der Bekämpfung hinwies (TREDE, 1922), trat der Apfelsauger 1921 sehr stark, 1922 deutlich schwächer, 1923 äußerst stark und schädlich auf, während er sich im Jahre 1924 viel weniger unangenehm bemerkbar machte.

Als Verfasser das niederelbische Obstbaugebiet im Sommer 1925 kennen lernte, war die Zahl der Apfelsauger derart groß, daß man durch ruckartiges Erschüttern der Äste ganze Wolken von Imagines aufscheuchen konnte. Zahlreiche vertrocknete Blütenbüschel, in denen man die leeren Häute der Psyllalarven fand, hingen an den Ästen, die Ernte war schwer geschädigt[2]. Obwohl damals genaue und vergleichende

---

brauch von 3—4000 l rechnen, also erheblich mehr, als gewöhnlich (vgl. auch Anonymus: „Die Kosten der Apfelsauger-Bekämpfung", 1925) angenommen wird.

[1] Am 1. V. 1921 teilte ein Altländer Obstzüchter (H. RIEPER in Jork) der Zweigstelle schriftlich mit, daß der starke Befall im Jahre 1920 zu völliger Mißernte, zu schweren Blattverlusten und ungenügender Knospenbildung für 1921 geführt habe. Der Apfelsauger ist „der weitaus schlimmste Feind unserer Apfelbäume". Anscheinend derselbe Züchter hatte sich 1916 voller Besorgnis an den „Praktischen Ratgeber im Obst- und Gartenbau" um Auskunft gewandt (REH, 1916).

[2] Im niederelbischen Obstbaugebiet stehen (außer Kirschen, Zwetschen, Birnen usw.) etwa 8—900 000 Apfelbäume, die einen Durchschnittsertrag von

Zählungen noch nicht gemacht wurden, ließ sich doch erkennen, daß der Befall in den einzelnen Teilen des Gebietes verschieden stark war. In der Folge konnte der Schädling und seine Verbreitung eingehend studiert werden.

Aus den in den Wintermonaten der Jahre 1925/26, 1926/27 und 1927/28 festgestellten Eierzahlen und den Zahlen der durch Einheitsfänge in den Sommermonaten der Jahre 1926 und 1927 erbeuteten Imagines wurde die Befallsstärke der einzelnen Ortschaften bestimmt und in die Karte (Abb. 55) eingetragen. Aus dieser Karte geht hervor, daß das eigentliche „Alte Land" (= Kreis Jork) und die Elbinsel Finkenwärder als wichtigstes Befallszentrum zu gelten haben. Ein zweites, schwächeres Zentrum befindet sich etwa in der Mitte des langgestreckten „Landes Kehdingen" (= Kreis Freiburg a. E.). Demgegenüber tritt der Befall in den nordwestlichen Marschkreisen (Nord-Kehdingen, Otterndorf, Neuhaus) und auf den Geestkreisen stärker zurück. Der Grund hierfür liegt wohl in der Hauptsache in der verschiedenen Anbaudichte. Je größer und dichter die Einzelanlage und je geschlossener das Anbaugebiet ist, desto stärker wird der Befall[1]. Je kleiner, jünger und lichter die Anlagen sind und je weiter sie von andern Apfelpflanzungen entfernt liegen, desto niedriger sind im allgemeinen die Befallszahlen. Da die Anbauverhältnisse in Mittel-Kehdingen und im Kreise Jork den Bedürfnissen des Apfelsaugers am meisten entsprechen, ist er dort am häufigsten. Die in den nördlichen Teilen des Landes heftigeren Seewinde mögen freilich auch an der Einschränkung des Schädlings in diesen Gegenden beteiligt sein.

Epidemiologisch interessant ist, daß die Befallsstärke im Winter 1926/27 stark zurückgegangen war, obwohl die voraufgegangene Bekämpfung mittels Schwefelkalkbrühe nicht genügt hatte. Umgekehrt konnte 1927/28 und 1928/29 nach sehr wirkungsvoller Bekämpfung mittels Obstbaumkarbolineum ein erhebliches Anwachsen der Befallszahlen

---

1—1 ¹/₂ Millionen Zentnern (1 Ztr. = 50 kg) bringen können. In guten Jahren soll man eine Ernte von 5 Millionen Zentnern erwarten können. Die Durchschnittsernte soll einem Geldwerte von schätzungsweise 10—15 Millionen RM entsprechen. — Bei der Beurteilung des *Psylla*-Schadens ist ferner zu beachten, daß zahlreiche Bäume der edleren Sorten keine Erträge mehr brachten und daher durch widerstandsfähigere aber weniger wertvolle Wirtschaftssorten ersetzt wurden. Nach den Beobachtungen des Herrn Rittergutsbesitzers JHS. I. C. RINGLEBEN in Götzdorf haben 1900 der „Gravensteiner", 1902 die „weiße Franche", 1906 die „Coulon Reinette" und 1910 der „Schöne von Boskoop" zum letzten Male durchgehend reich getragen (RINGLEBEN, 1925; SPEYER, Die Schädlinge im Obstbau . . ., 1926).

1 KÜSTER (1925) ist der Ansicht, daß die enge Pflanzweise nur indirekt den Apfelsauger begünstigt, indem die Bäume durch zu engen Stand geschwächt, und geschwächte Bäume von *Psylla mali* mit Vorliebe angegriffen werden. — Beweise hierfür konnte ich an der Niederelbe nicht finden.

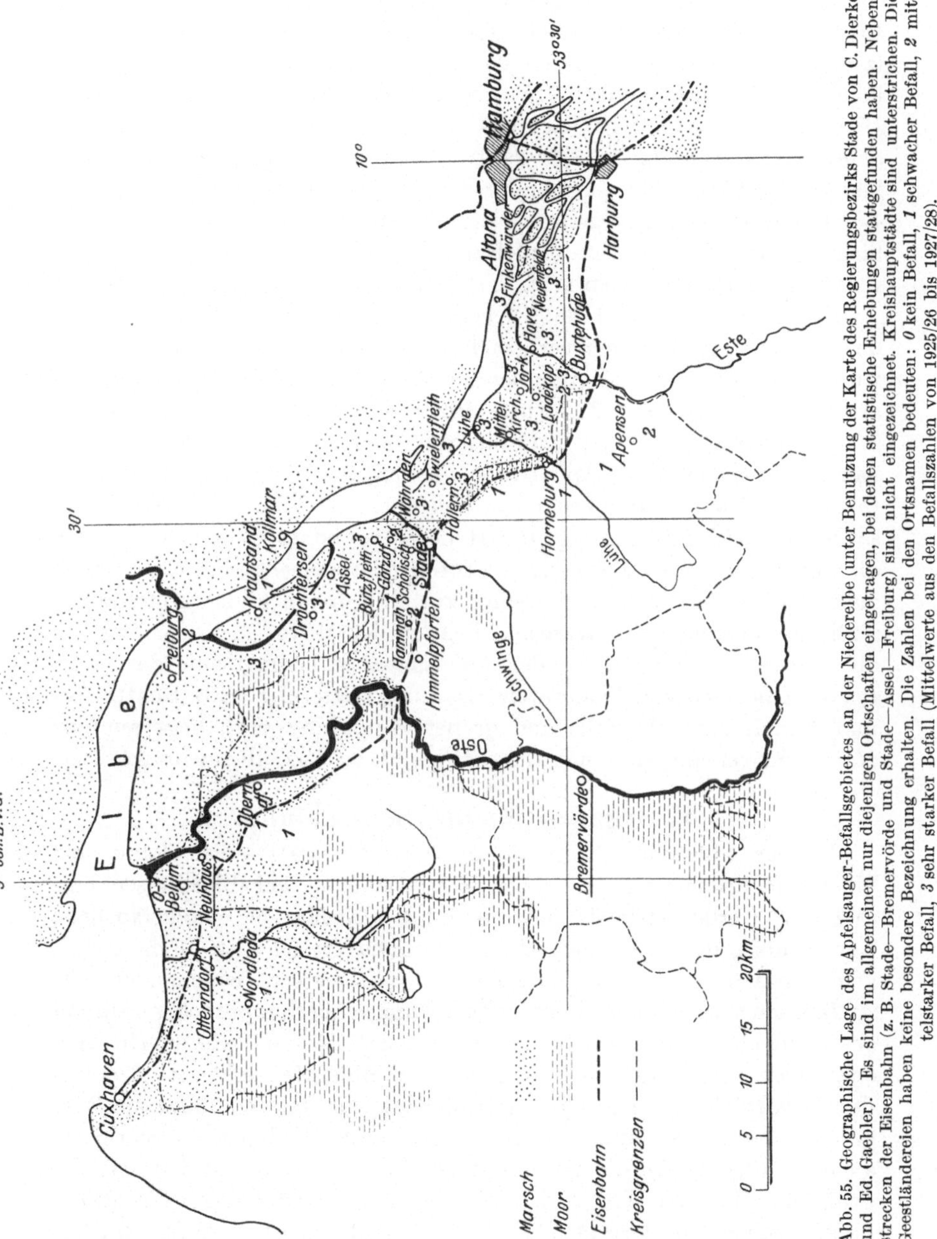

stellenweise beobachtet werden. Es ist wahrscheinlich, daß dies großenteils auf die S. 41 und 42 erörterten meteorologischen Einflüsse zurückzuführen ist, zumal sich auch in Nachbargebieten im Winter 1926/27 eine geringere Vermehrung (STEYER-Lübeck, 1927), dagegen 1927/28 und 1928/29 eine gesteigerte Vermehrung des Apfelsaugers bemerkbar machte (z. B. Bezirk Bremen). Käme das Alte Land allein in Betracht, so könnte man daran denken, für die geringen Eierzahlen des Winters 1926/27 ausschließlich die Nachwirkung der im Frühjahr 1926 benutzten Schwefelkalkbrühe (s. S. 78) verantwortlich zu machen. Daß seit 1920 fast regelmäßig ein Jahr stärkeren Schadens mit einem Jahr schwächeren Befalls gewechselt hat, dürfte auf die Schwankungen der Witterung und nicht etwa auf einen dem Apfelsauger eigentümlichen Entwicklungsrhythmus zurückzuführen sein.

Für andere Fälle sind die hier gemachten Erfahrungen lehrreich, wie der durch den Apfelsauger verursachte Schaden von der Praxis beurteilt wurde, da hiervon die Energie bei der Durchführung der Bekämpfungsarbeiten abhängig ist. Zunächst (1925) ist die Bedeutung des Apfelsaugers insofern von vielen Praktikern überschätzt worden, als man nahezu sämtliche an den Apfelbäumen bemerkten Mängel auf ihn zurückführte. Als man später erkannte, daß auch die Fusicladiumkrankheit sowie ungünstige Witterung und stellenweise hoher Grundwasserstand die Schädigung der letztjährigen Ernten mitverursacht hatten, neigten viele der umgekehrten Auffassung zu, daß nämlich der Apfelsauger völlig harmlos sei. Die Wahrheit liegt in der Mitte. Bei dem hier beobachteten Massenbefall ist der Apfelsauger unbedingt eine der wichtigsten Ursachen von Fehlernten. Daß die Witterung (z. B. Spätfröste) und Fusicladium ebenfalls von großer Bedeutung sind, liegt auf der Hand. Es scheint, daß sich diese Erkenntnis jetzt überall durchsetzt.

F. Organisation der Bekämpfung.

Da der Apfelsauger jährlich nur e i n e Generation hat, kann eine Übervermehrung nicht so schlagartig wie etwa bei Blattläusen einsetzen; es werden vielmehr mehrere Jahre vergehen, bis eine gefährliche Verseuchung der Apfelanlagen einer Gegend erreicht ist. Erfahrungsgemäß beachtet der nicht aufgeklärte Praktiker die kleinen, von Jahr zu Jahr langsam häufiger werdenden Imagines überhaupt nicht, während er die zunehmende Verklebung der Blütenstände zwar als unerfreulich empfindet aber nicht als Ursache seiner Mißernten erkennt. Infolgedessen wird der „angewandte Entomologe" häufig erst dann zu Rate gezogen, wenn die Bäume bereits sehr schwer geschädigt sind. So richtig auch im allgemeinen die Forderung ist, in erster Linie die Ursache der Schädlingsplage zu beseitigen, d. h. die Lebensbedingungen des Apfelsaugers zu verschlechtern (siehe Abschnitt Kulturmethoden), so erfordert doch diese Umstellung der Kulturmethoden usw. — wenn sie überhaupt möglich ist — längere Zeit, während welcher die Apfelsauger noch beträchtlichen Schaden verursachen können. In solchen vorgeschrittenen

Fällen ist es daher notwendig, zunächst die direkte Bekämpfung des Schädlings mit allen Mitteln in Angriff zu nehmen, um die Bäume zu entlasten.

Wie oben bereits gezeigt wurde, kann jeder durch sachgemäße Bekämpfung der Eier seine Anlage vor Schaden bewahren, selbst wenn sie inmitten eines völlig verseuchten Gebietes liegt. Allerdings muß in solchem Falle die Bespritzung alljährlich wiederholt werden, da die Bäume von den aus der Nachbarschaft zuwandernden Imagines im Laufe des Sommers stets wieder neu besiedelt werden. Durchgreifende

Abb. 56. Motor-Obstbaumspritze in Tätigkeit.

und länger anhaltende Erfolge sind daher nur bei gleichzeitiger und gleich wirksamer Bespritzung sämtlicher Apfelbäume innerhalb eines geschlossenen Anbaugebietes zu erreichen.

Offenbar aus diesem Grunde empfahl SCHØYEN bereits 1914 den norwegischen Züchtern sich zu einer Kampforganisation zusammenzuschließen. Diese machten jedoch freiwillig so starken und erfolgreichen Gebrauch von Nikotinspritzungen, daß eine Organisation nicht mehr nötig war (SCHØYEN i. lit.). PEKRUN (1919) äußerte, daß jeder, der die Bekämpfung unterläßt, nicht nur sich, sondern auch seine Nachbarn schädigt und daher „schärfstens zur Verantwortung gezogen werden“ müßte. Eine staatliche Zwangsorganisation wurde meines Wissens zum ersten Male 1925 im Obstbaugebiet an der Niederelbe,

also im preußischen Regierungsbezirk Stade etwa zwischen Harburg
und Cuxhaven, geschaffen und durchgeführt. Die hier gesammelten
Erfahrungen sind für andere Fälle wertvoll, sie seien daher kurz mitgeteilt[1]. Da nicht zu erwarten war, daß sich alle Gartenbesitzer freiwillig an der als dringend notwendig erkannten Bekämpfung beteiligen
würden, erließ der Regierungspräsident des Regierungsbezirkes Stade
am 14. November 1925 eine Polizeiverordnung, in der jeder Besitzer
von Apfelbäumen angehalten wurde, in der Zeit vom 1. November bis
31. März mit 33proz. Schwefelkalkbrühe oder mit dem THEOBALDschen

Abb. 57. Motorspritze in jüngerer Apfelanlage. Es wird gleichzeitig mit zwei kurzen Rohren
Obstbaumkarbolineum verspritzt.

Gemisch zu spritzen (Amtsblatt der Regierung in Stade, 1925, Stück 46,
Nr. 387). Da es an Spritzen fehlte[2], wurden für das etwa 7000 ha große
Apfelanbaugebiet mit Unterstützung des Reiches außer zahlreichen
Handdruckspritzen auch 130 Motorobstbaumspritzen angeschafft (Abb.
56—58), zu deren Bedienung besonders geeignete Leute als ,,Spritzen-
führer'' angestellt wurden[3]. Im folgenden Jahre (Amtsblatt der Re-

---

[1] Vgl. auch die vom Niederelbischen Landesobstbauverband im ,,Praktischen
Ratgeber im Obst- und Gartenbau'' veröffentlichte historische Darstellung (1926,
S. 315). Ferner SPEYER (1928, Die Landwirtschaft, Nr. 27).

[2] Als Anhalt für eine Kostenberechnung diene die hier gemachte Erfahrung,
daß eine Motorspritze zur Bespritzung von 1 ha Obstanbaufläche (Apfelhochstämme) 5—6 Arbeitsstunden und 3—4000 l Spritzbrühe benötigt (SPEYER,
Stader Tageblatt, Nr. 38, 1927).

[3] Als Beispiel einer Gebührenordnung für die Benutzung der öffentlichen
Motorspritzen sei auf die Veröffentlichung des Kreisausschusses Stade (1926)

gierung in Stade, 1926, Stück 48, Nr. 333) erneuerte der Regierungspräsident seine Polizeiverordnung, auf Grund der gewonnenen Erfahrung (ungenügende Abtötungskraft beider Mittel; Umständlichkeit der THEOBALDschen Brühe) wurde jedoch an Stelle der THEOBALDschen Brühe 10 proz. Obstbaumkarbolineum von bestimmten Firmen empfohlen. Schwefelkalkbrühe war ungeachtet ihrer schwächeren Wirkung wahlweise ebenfalls gestattet, um auch bei empfindlichen Unterkulturen und geringem Apfelsaugerbefall die Durchführung der Zwangsspritzung sicher zu stellen. In einigen Fällen erwies sich das gelieferte Obstbaumkarbolineum als minderwertig, so daß nur ungenügende Abtötungsergebnisse erzielt wurden. Verschiedentlich hatten es auch — zumeist kleinere — Besitzer verstanden, sich ihrer Verpflichtung zu entziehen. So war es nicht gelungen, den Apfelsauger vollkommen niederzukämpfen, jedoch war seine Zahl so verringert[1], daß es möglich zu sein

Abb. 58. Motorspritze in alter Apfelanlage. Es wird mit einem langen Rohr gearbeitet.

hingewiesen. — Es ist übrigens im Interesse einer pfleglichen Behandlung der Spritzen anzustreben, daß diese sich im Privatbesitz befinden.

[1] An der zahlenmäßigen Verringerung des Apfelsaugers im Jahre 1927 sind auch klimatische Einflüsse mit beteiligt gewesen. Für diese Annahme spricht die bereits erwähnte Tatsache, daß in Lübeck nach starkem Befall 1926 ebenfalls im Jahre 1927 der Befall nachließ und zwar ohne durchgreifende Bekämpfungsmaßnahmen (STEYER, 1927, S. 6).

schien, für das Jahr 1927/28 von der bei vielen Besitzern unbeliebten
Polizeiverordnung abzusehen. So erließ nur einer der beteiligten Kreise
eine Polizeiverordnung (Landrat des Kreises Jork, 1928), in der den
Obsthofbesitzern das Spritzen entweder mit Obstbaumkarbolineum
gegen den Apfelsauger oder mit Kupfer- bzw. Schwefelkalkbrühe gegen
Fusicladium zur Pflicht gemacht wurde. Im Frühsommer 1928 hoben
sich die im Februar/März mit Obstbaumkarbolineum bespritzten Besitzungen außerordentlich stark durch bessere Belaubung und Fruchtansatz von den nur gegen Fusicladium behandelten Bäumen ab (Abb. 49
bis 51). Dieses Ergebnis wird zwar im Winter 1928/29 zu einer
sehr vermehrten freiwilligen Durchführung der Obstbaumkarbolineumspritzung führen. Dadurch aber, daß im Winter 1927/28 die Apfelsauger-
bekämpfung nur in einer geringen Zahl von Besitzungen des Gesamt-
anbaugebietes durchgeführt wurde, hat sich der Apfelsauger derart stark
vermehren können, daß im Winter 1928/29 eine durchgreifende Bekämpfung unbedingt notwendig ist. Der Kreis Jork hat daher wiederum
eine strengere Polizeiverordnung in Kraft treten lassen.

Unter Berücksichtigung der gewonnenen Erfahrungen wird man in
anderen Fällen etwa folgendermaßen vorgehen müssen. Nachdem eine
schädliche Übervermehrung des Apfelsaugers einwandfrei erkannt ist,
und die Grenzen des Befallsgebietes festgestellt sind, muß die obstbautreibende Bevölkerung eingehend über Biologie und Bekämpfung des
Apfelsaugers aufgeklärt werden. Gemeinsames Vorgehen aller Beteiligten
ist unbedingt anzustreben. Ob dies mit Hilfe einer Polizeiverordnung
zu geschehen hat oder durch genossenschaftlichen Zusammenschluß usw.,
hängt von den örtlichen Verhältnissen ab. Da die Polizeiorgane kaum
in der Lage sind, die Durchführung der Verordnung sachverständig zu
überwachen, empfiehlt es sich, örtliche Kommissionen zu ernennen und
mit dieser Aufgabe zu betrauen. Das Hauptgewicht ist zunächst auf die
Eierbekämpfung zu legen, als Spritzmittel kommt bei schwerem
Befall nur Obstbaumkarbolineum in Betracht, in schwächer befallenen
Randgebieten und im 2. Spritzjahre auch Schwefelkalkbrühe. Auf die
mit Obstbaumkarbolineum verknüpften Gefahren, auf seine Vorteile
und Nachteile[1], ist eindringlich hinzuweisen. Der Einkauf hat, um
minderwertiges Material nach Möglichkeit zu vermeiden, gemeinsam bei
unbedingt zuverlässigen Firmen zu geschehen. Eine Bekämpfung der
Larven mit nikotinhaltigen Brühen hat nur als Ergänzung der Eierbekämpfung oder als Notbehelf Wert, wenn nämlich empfindliche Unterkulturen die Karbolineumspritzung nicht zulassen. Die Wirkung aller
benutzten Spritzmittel ist durch exakte Versuche festzustellen.

---

[1] Sehr wichtig ist u. a. der Hinweis, daß durch die Obstbaumkarbolineum-
Spritzung die *Fusicladium*-Bekämpfung mittels Kupfer- oder Schwefelkalkbrühe
nicht überflüssig wird.

Geographisch gut abgeschlossene Gebiete oder Erdteile, in denen der Apfelsauger bisher fehlt, die aber klimatisch für sein Gedeihen geeignet sind, können sich durch sachgemäße Entseuchung von Baumschulmaterial an den Einfuhrstellen vor der Besiedlung schützen. Zu entseuchen sind alle oberirdischen Teile von Apfel-, Birnen-, Crataegus- und Sorbuspflanzen, entweder durch Eintauchen in 5 proz. Obstbaumkarbolineum oder durch Blausäurebegasung (BRITTAIN, 1922, 96—101). Ein- und Ausfuhrverbote von Baumschulmaterial werden bei gewissenhafter Durchführung noch wirksamer sein, greifen aber um so heftiger in die Volkswirtschaft der betroffenen Länder ein. Quarantänebestimmungen bestehen in Kanada seit 1919 (HEWITT, 1920), und seit 1921 darf aus Halifax Baumschulmaterial nur dann ausgeführt werden, wenn durch ein Zertifikat der Pflanzenschutzinspektion der Gesundheitszustand bescheinigt wird (vgl. GRISDALE, 1920 und Amendment to the appel sucker quarantine 1922).

III. Schlußwort.

Aus den Kapiteln über Biologie und Bekämpfung und aus den Mitteilungen über die in verschiedenen Ländern verursachten schweren Schäden geht hervor, daß der Apfelblattsauger mancherorts ein sehr gefährlicher Feind der Apfelbäume ist. Wir haben aber erkannt, daß

Abb. 59. Jahrelang durch den Apfelsauger schwer geschädigte Anlage (Coulon-Reinette) nach zweijähriger Durchführung der Eierbekämpfung (im ersten Jahre mittels Schwefelkalkbrühe, im zweiten Jahre mittels Obstbaumkarbolineum).

durch sachgemäße und jährlich wiederholte Bekämpfung (vgl. Anmerkung S. 89) jeder Schaden mit Sicherheit verhütet werden kann (Abb. 59).

Spätere Bearbeiter werden noch genauer, als dies bisher geschehen konnte, der Frage nachzugehen haben, durch welche einzelnen Faktoren eine Massenvermehrung des Apfelsaugers bedingt ist. Es wird dann gelingen, in ungünstigen Jahren rechtzeitig Gegenmaßnahmen einzu-

leiten und Seuchengebiete von der gefährdeten Nachbarschaft abzu-
riegeln. Ob es jemals möglich werden wird, durch geeignete Kultur-
maßnahmen jede Massenvermehrung des Apfelsaugers im Keime zu
ersticken, muß bei der Bedeutung der klimatischen Faktoren zunächst
noch bezweifelt werden.

Die Grundlage für den Erfolg jeder Psyllabekämpfung bildet die
verständnisvolle Mitarbeit der Obstzüchter. Die Zusammenstellung
unserer Erfahrungen soll allen interessierten Kreisen ein Rüstzeug sein,
mit dessen Hilfe bei künftigen Apfelsaugerkalamitäten eine erfolgreiche
Bekämpfung schnell eingeleitet und organisiert werden kann.

Schriftenverzeichnis[1].

Aeble-Bladloppen (*Psylla mali*). Statens Forsøgsvirks. i Plantekultur. Meddelelse 142. Kopenhagen 1927. — ***Amendment** to the apple sucker quarantine in Nova Scotia. Amendment Nr 2 to Quarantine Nr 1 (Domestic.). Agricult. Gaz. Canada **9**, Nr. 3, 243. Ottawa, Mai—Juni 1922. (Rev. a. Ent. **10**, A., 435)[2]. — **Anonymus:** Apfelblattsauger und kümmerlicher Wuchs der Obstbäume. Erf. Führ. im Obst- u. Gartenb. **24**, 176. Erfurt 1923. — Apfelsauger (*Psylla mali*). D. prakt. Ratg. im Obst- u. Gartenb. **41**, 315. Frankfurt a. d. O. 1926. — Der Apfelblattsauger, Zuckermilbe, Honigmilbe. Ebenda **36**, 223. Frankfurt a. d. O. 1921. — Die Kosten der Apfelblattsauger-Bekämpfung. Stader Tageblatt **1925**. Beilage: Die Landwirtschaft Nr 36. — *[Die wichtigsten von der Zentral-Station für Phytopathologie 1913 behandelten Fragen.] [Pflanzenkrankheiten.] 8, 89—107. Petrograd 1914. (Rev. a. Ent. **3**, A, 224.) — Ein furchtbar schädigendes Auftreten des Apfelsaugers in unseren Apfelkulturen. Mein Sonntagsblatt **14**, 27—28 (1926). — **Aulmann, G.:** Psyllidarum Catalogus, S. 19. Berlin 1913. — ***Averin, V. G.:** [Herbst-Bekämpfungen gegen Obstgarten-Schädlinge; Schädlinge des Handelsgartens. Bull. Nr 7 des Entomol. u. Phytopathol. Büros des Zemstvo von Charkov] 1913. (Rev. a. Ent. **1**, A, 496.) — *[Von dem im Jahre 1913 zu erwartenden Auftreten von Schädlingen. Bull. Nr 1 des Entomol. u. Phytopathol. Büros des Zemstvo von Charkov]. 1913. (Ebenda **1**, A, 491—492.) — *[Bericht über die Schädigungen im Gouvernement Charkov im Jahre 1913]. [Bericht des Entomol. Büros des Zemstvo des Gouvernements Charkov für 1913]. Charkov 1915. (Ebenda **3**, A, 401.) — *[Eine Liste der Schädlinge an Kulturpflanzen nach den Berichten des Entomologischen Büros und der Vertrauensleute. Bull. Nr 6 des Entomol. u. Phytopathol. Büros des Zemstvo des Gouvernements Charkov]. Charkov 1915. (Ebenda **1**, A, 137—138.) — **Awati, P. R.:** The Apple Sucker, with Notes on the Pear Sucker. Ann. App. Biol. **1**, 247—272. London 1915. (Ebenda **3**, A, 280—282).

B.: Der Apfelsauger. Badische Monatsschr. f. Obst- u. Gartenb. **23**, 76. Karlsruhe 1928. — ***Balabanov, M.:** [Über *Psylla mali*]. [Obstzucht.] Nr 11, S. 786. Petrograd 1914. (Rev. a. Ent. **3**, A, 120.) — *[Praktische Beobachtungen über die Bekämpfung der Obstgarten-Schädlinge.] [Obstzucht.] Nr 6/7, S. 357—363, 422 bis 427. Petrograd 1915. (Ebenda **3**, A, 608.) — *[Ist das Spritzen mit Kalk in

---

[1] Es war mein Bestreben, ein m ö g l i c h s t lückenloses Schriftenverzeichnis zusammenzustellen. Gleichwohl werden einzelne Arbeiten übersehen worden sein. Andererseits ließ es sich nicht vermeiden, auch einige geringwertige Veröffentlichungen zu zitieren. Für die Bearbeitung des Kapitels „Bekämpfung" war die Durchsicht der Gartenbauzeitschriften notwendig und in manchen Fällen auch recht fruchtbringend. Die angewandte Wissenschaft darf auf die Erfahrungen kluger Praktiker nicht verzichten. — Die mit ** versehenen Schriften waren mir nicht zugänglich, die mit * bezeichneten nur im Referat.

[2] (Rev. a. Ent., A) = The Review of applied Entomology, Series A: Agricultural. Herausgegeben vom Imperial Bureau of Entomology. London.

Obstgärten nützlich ?] [Der Gärtner.] Nr 1, S. 14—16. Rostov am Don 1915.
(Ebenda **3**, A, 214—215.) — **Baunacke:** Der Apfelsauger (*Psylla mali*). Die
kranke Pflanze **3**, 116. Dresden 1926. — ** **Bedford, Duke of** and **Pickering:**
Eighth Report of Woburn Experimental Fruit Farm. S. 58—72 (1908). —
Bekämpfung des Apfelblattsaugers. Stader Tageblatt **1925**. Beilage: Die
Landwirtschaft Nr 34. — **Berlese, A.:** Gli Insetti. Milano 1909. — ***Blattný, C.:**
[Einige Worte über Psylliden-Schäden an Obstbäumen.] Ochrana Rostlin 4,
Nr. 4, 51—52. Prag 1924 (Rev. a. Ent. **12**, A, 458.) — **Blümml, E. K.:** Beiträge zur
Kenntnis der Genitalorgane der Psylloden. Illustr. Zeitschr. f. Entomol. **4**, 305
bis 308 (1899). — **Börner, C.:** Die Verwandlungen der Insekten. Sitzgsber. Ges.
naturforsch. Freunde Berl. S. 290—311. Berlin 1909. — Die Flügeladerung der
Aphidina und Psyllina. Zool. Anz. **36**, 16—24. Leipzig 1910. — Züchtung der
Homopteren. In: Abderhalden, E., Handb. d. biol. Arbeitsmeth., Abt. IX, Teil 1
u. 2, S. 215—270. Berlin u. Wien 1926. — **Börner, Blunck, Speyer** und **Dampf:**
Beiträge zur Kenntnis vom Massenwechsel (Gradation) schädlicher Insekten.
Arb. biol. Reichsanst. Land- u. Forstwiss. **10**, 405—466. Berlin 1921. — **Böttner,
J.:** Weshalb gibt es so viele schadhafte Äpfel? D. prakt. Ratg. im Obst- u. Gar-
tenb. **31**, 345—346. Frankfurt a. d. O. 1916. — ***Bogdanova-Katkova, L. I.:**
[Kurzer vorläufiger Bericht über die Arbeit der Entomologischen Abteilung im
Jahre 1916.] [Bull. der Entomol. Abteilg. der Versuchsstation Nikolaevsk.] Teil 1,
S. 43—61. Petrograd 1918. (Rev. a. Ent. **9**, A, 348.) — **Boisch, J.:** Der Apfel-
sauger im Alten Lande. Erf. Führ. im Obst- u. Gartenb. **27**, 310. (Erfurt 1926.) —
***Borodin, Dm.:** [Der Kampf gegen Obstgarten-Schädlinge und Krankheiten im
Mai.] [Chutorianin.] Nr 19, S. 554—558. Poltava 1914. (Rev. a. Ent. **2**, A, 463.)
— ***Borodin, D. N.:** [Der erste Bericht über die Arbeit des Entomologischen Büros
und ein Überblick über die Schädlinge des Gouvernements Poltava im Jahre 1914.]
[Das Entomol. Büro des Gouvernements des Zemstvo von Poltava]. Poltava1915.
(Ebenda **4**, A, 330.) — **Bourcart, E.:** Insecticides, fungicides and weed killers.
London 1926. (*Psylla mali* S. 320.) — **Braun, K.:** Der Apfelsauger (*Psylla mali*
Schmidb.). Krögers Ratg. im Obst- u. Gartenb. **2**, 84—89. Blankenese 1922. —
(Berichtigung des Aufsatzes von Dr. Obst in Heft 3 über „Die Apfelsaugerbe-
kämpfung an der Niederelbe".) Der Obst- u. Gemüseb. **72**, 78. Berlin 1926. —
Der Apfelsauger im Obstbaugebiet der Unterelbe (*Psylla mali*). Stader Tageblatt
1926. Beilage: Die Landwirtschaft Nr 1 ff. — **Bredemann, G.:** Jahresbericht für
die Zeit vom 1. 1.—31. 12. 1927. Institut f. angew. Botanik. Hamburg 1928. —
Bremer, H.: Grundsätzliches über den Massenwechsel von Insekten. Zeit. angew. Entomol. XIV. S. 254—272. Berlin 1928. — ***Brittain, W. H.:** An Infestation
of Apple Sucker, *Psylla mali* Schmidb., in Nova Scotia. Agricult. Gaz. Canada **6**,
Nr 9. Ottawa 1919. (Rev. a. Ent. **7**, A, 506.) — *General Results in Spraying and
Dusting. 56th Ann. Rept. Nova Scotia Fruit Growers' Assoc. S. 68—82. Kings-
ton 1920. (Ebenda **8**, A, 490.) — *The Occurence of the Apple Sucker (*Psylla
mali* Schmidb.) in Nova Scotia. Proc. ent. Soc. Nova Scotia **1919**, Nr 5, 73—76.
Truro 1920. (Ebenda **9**, A, 385.) — *A New Alien Enemy. 57th Ann. Rept. Nova
Scotia Fruit Growers' Assoc. S. 142—148. Kingston 1921. (Ebenda **10**, A, 21.) —
*Report of the Professor of Zoology and Provincial Entomologist. Ann. Rept.
Secy. for Agricult., Nova Scotia **1920**, 42—58. Halifax 1921. (Ebenda **10**, A, 131.)
— *The Apple Sucker (*Psylla mali* Schmidb.) in Nova Scotia. Scientif. Agricult.
Gardenvale **2**, Nr 1, 22—24. Quebec 1921. (Ebenda **10**, A, 199.) — *The Apple
Sucker (*Psyllia mali* Schmidb.). 58th Ann. Rept. Fruit Growers' Assoc. Nova
Scotia **1922**, 23—34. Kingston, N. S. 1922. (Ebenda **12**, A, 529.) — * The Apple
Sucker (*Psyllia mali* Schmidb.). Jl. Econ. Ent. **15**, Nr 1, 96—101. Geneva, N. Y.,
February 1922. (Ebenda **10**, A, 307.) — The Present Distribution and Economic

Status of the Apple Sucker (*Psyllia mali* Schmidb.). Scientif. Agricult. **3**, Nr 1, 23—29. Ottawa, Sept. 1922. (Rev. a. Ent. **10**, A, 561.) — The Adult Habits of the Apple Sucker (*Psyllia mali* Schmidb.). Scientif. Agricult. **3**, Nr 2, 59—64. Ottawa, Oct. 1922. (Ebenda **10**, A, 612—613.) — Injuries, Life-history and Control of the Apple Sucker (*Psyllia mali* Schmidb.). Scientif. Agricult. **3**, Nr 5, 176 bis 188. Ottawa, January 1923. (Ebenda **11**, A, 118.) — Experiments in the Control of the Apple Sucker (*Psyllia mali* Schmidb.) in the Adult Stage. Scientific. Agricult. **3**, Nr 6, 212—218. Ottawa, Febr. 1923. (Ebenda **11**, A, 179.) — *The European Apple Sucker (*Psyllia mali* Schmidb.). Nova Scotia Dept. Agricult. Bull. **10**. Truro, N. S., March 1923. (Rev. a. Ent. **11**, A, 383.) — The Morphology and Synonymy of *Psyllia mali* Schmidb.). Proc. Acad. Ent. Soc. **1922**, Nr 8, 23 bis 51. Fredericton, N. B., April 1923. (Ebenda **11**, A, 393.) — *Five Years Spraying and Dusting Experiments. 59th Ann. Rept. Fruit Growers' Assoc., Nova Scotia **1923**, 53—72. Kingston, N. S., 1923. (Ebenda **11**, A, 394.) — **Experiment in the Control of the Apple Sucker. J. Pomology **3**, 106—112 (1923). — *The Orchard Pest Situation in 1923. 60th Ann. Rept. Fruit Growers' Assoc. Nova Scotia **1924**, 64—78. Kingston, N. S., 1924 (Rev. a. Ent. **12**, A, 531.) — *Brizovsky, A.: [*Psylla mali* und ihre Schäden.] [Unsere Landwirtschaft.] Nr 13, S. 12—16. Eletz 1915. (Ebenda **4**, A, 22.) — *Brocher, F.: L'appareil buccal des larves de *Psylla pyrisuga*. Ann. Soc. Ent. France **94**, 55 (1925). — Buchner, P.: Studien an intrazellularen Symbionten. I. Die intrazellularen Symbionten der Hemipteren. Arch. Protistenkde **26**, 1—116 (1912). — Buxtehude. Bekanntmachung des Magistrates vom 1. II. 1927 „betreffend Bespritzung der Apfelbäume". Buxtehuder Tageblatt vom 2. II. 1927.

    Carpenter, G. H.: Injurious Insects and other Animals observed in Ireland during the Year 1906. Econ. Proc. royal Dublin Soc. **1**, 589—611 (1909). (*Psylla mali* S. 595—599.) — *Injurious Insects and other Animals observed in Ireland during the Year 1912. Econ. Proc. roy. Dublin Soc. **2**, Nr 6, 79—104 (1913). (Rev. a. Ent. **2**, A, 8.) — **Collinge, W. E.:** Report on the injurious insects and other animals observed in the midland counties during 1904, 69 S. Birmingham, Engl., 1905. (*Psylla mali* S. 14—15.) — Report on the injurious insects and other animals observed in the midland counties during 1905. 3rd Rept., 58 S. Birmingham, Engl., 1906. (*Psylla mali* S. 14.) — Report on the injurious insects and other animals observed in the midland counties during 1906. 4th Rept., 44 S. Birmingham, Engl., 1907. (*Psylla mali* S. 15—17.) — **Crawford, D. L.:** The Jumping Plant Lice or Psyllidae of the New World. Smith. Inst. U. S. N. M. Bull. 85 (1914). (*Psylla mali* wird nicht erwähnt.) — The Jumping Plant Lice of the Palaeotropics and the South Pacific Islands (Fam. Psyllidae, or Chermidae, Homoptera). Philippine J. Sci. **15**, 139—205 (1919). (Systematik der Psylliden. *Psylla mali* wird nicht aufgeführt.) — **Curtis, J.:** British Entomology **1835**, Nr 565.

    Deegener, P.: Zirkulationsorgane und Leibeshöhle. In: Schröder, Handbuch der Entomologie 1, 383—437. Jena 1913. — **De Geer, K. v.:** Abhandlung zur Geschichte der Insekten. Aus dem Französ. übersetzt von J. A. E. Götze, **3,** Nürnberg 1780. (Psylliden S. 85 ff.) — **Der Apfelblattsauger** (*Psylla mali*). Hannoversche Land- u. Forstw.-Ztg **78**, 728. Hannover 1925. (Abdruck von Reh-Sorauer **1913**, 648.) — **Der Apfelblattsauger.** Dtsch. Landw.-Dienst **4**, 565 (1927). (Wörtlicher Abdruck von Flugblatt 90 der Biologischen Reichsanstalt.) — *Dobrodeev, A. I.: [Rauch im allgemeinen und Tabakrauch im besonderen als Bekämpfungsmittel gegen *Psylla mali*.] [Berichte des Entomologischen Büros des wissenschaftlichen Komitees der Zentralbehörde für Landesverwaltung und Landwirtschaft] **10**, Nr 9. St. Petersburg 1914. (Rev. a. Ent. **2**, A, 258.) — *Dontchev, V. N.: [Der Obstgarten des Liebhabers]. Ergänzungsband zu [Fortschrittlicher Obstbau und Handels-Gartenbau]. Petrograd 1916. (Rev. a. Ent. 5, A, 150.) (*Psylla mali* wird als Schädling aufgeführt.) — **Dubois, M.:** Habitat des Psyllides de France. Bull. Soc. Linnéenne Nord France 12, Nr 281, 360—365 (1894/1895). — ****Dufour, L.:** Recherches anatomiques et physiologiques sur les Hémiptères, accompagnées de considérations relatives à l'histoire naturelle et à la classification de ces Insects. Mém. Savants étrang. Acad. Sci. 4, 129—462 (1833). — ***Dustan, A. G.:** A Fungous Parasite of the Imported Apple Sucker (*Psyllia mali* Schmidb.) Artificial Spread of *Entomophthora sphaerosperma.* Agricult. Gaz. Canada 10, Nr 1, 16—19. Ottawa 1923. (Rev. a. Ent. 11, A, 157.) — *The Control of the European Apple Sucker by means of a Parasitic Fungus. 60th Ann. Rept. Fruit Growers' Assoc. Nova Scotia 1924, 100—104. Kingston, N. S., 1924 (Ebenda 12, A, 531.) — *The Control of the European Apple Sucker, *Psyllia mali* Schmidb., in Nova Scotia, particularly by the Fungous Disease *Entomophthora sphaerosperma* Fres. Canada Dept. Agricult., Pamph.N. S. 45. Ottawa 1924. (Ebenda 13, A, 188.) — *A study of the methods used in growing Entomophthorous Fungi in cages prior to their artificial Dissemination in the orchards. 55th Ann. Rept. Ent. Soc. Ontario 1924, 63—67. Toronto 1925. (Ebenda 13, A, 581.) — *The present Distribution of the European Apple Sucker (*Psyllia mali* Schmidb.). Proc. Acad. Ent. Soc. 1924, Nr 10, 55—57. Truro, N. S. May 1925. (Ebenda 13, A, 497.) — *The Artificial Culture and Dissemination of *Entomophthora sphaerosperma* Fres., a Fungous Parasite for the Control of the European Apple Sucker (*Psyllia mali* Schmidb.). J. Econ. Ent. 20, Nr 1, 68—75. Geneva, N. Y., 1927. (Ebenda 15, A, 253.) — *Dychov, N.: [Karbolsäure gegen *Psylla*.] [Garten, Gemüsegarten und Bachza] Nr 5, 192—194. Astrachan 1915. (Ebenda 3, A, 700.)

Edwards, J.: The Hemiptera — Homoptera (Cicadina and Psyllina) of the British Islands. London 1896. (*Psylla mali* S. 247—248.) — * *Psylla sorbi* L., in Britain Entomologists' Mounthly Mag. 4, Nr 648, 113—114. London 1918. (Rev. a. Ent. 6, A, 430.) — **Engelmann:** Der Apfelsauger *Psylla mali.* Proskauer Obstbauztg 9, 88—89. Proskau 1904.

F. B.: Was für Läuse? D. prakt. Ratg. im Obst- u. Gartenb. 11, 240. Frankfurt a. d. O. 1896. (Meldung von schwerem *Psylla*-Befall bei Goslar.) — *Ferdinandsen, C., J. Lind and S. Rostrup: Oversigt over Havebrugplanternes Sygdomme i 1916 og 1917. Tidskr. for Planteavl. 26, 297—334. Copenhagen 1919 (Rev. a. Ent. 7, A, 448.) — ***Ferdinandsen, C. and S. Rostrup:** Oversigt over Sygdomme hos Landbrugets og Havebrugets Kulturplanter i 1918. Tidskr. for Planteavl. 26, 683—733. Copenhagen 1919. (Ebenda 9, A, 194.) — *Oversigt over Sygdomme hos Landbrugets og Havebrugets Kulturplanter i 1919. Tidskr. for Planteavl. 27, 399—450. Copenhagen 1920. (Ebenda 9, A. 363.) — **Ferrière, Ch.:** Un parasite de *Psylla pyrisuga.* Ann. Soc. Ent. France 95, 189—194 (1926). — **Flor, G.:** Zur Kenntnis der Rhynchoten. Beschreibung neuer Arten aus der Familie Psyllodea Burm. Bull. soc. natur. Moscou 34, 331—422 (1861). — Die „Rhynchoten Livlands". Arch. f. d. Naturkunde Liv-, Est- u. Kurlands. 2 (Psylloden S. 438—546). Dorpat 1861. — **Förster, A.:** Übersicht der Gattungen und Arten in der Familie der Psylloden. Verh. d. naturhist. Ver. d. preuß. Rheinlande S. 65—98 (1848). — **Frostspanner-** und Wicklerräupchen . . . Erf. Führer im Obst- u. Gartenb. 9, 63. Erfurt 1908. — **Fruit Tree Pests** — Aphides and Apple Sucker. Govt. N. Ireland: Minist. Agricult. Leaflet Nr 11. Belfast 1927. (Rev. a. Ent. 15, A, 612.) — **Fryer, J. C. F.:** Collected Leaflets on insects of fruit trees. Sectional Vol. Nr 2: Ministry of Agricult. and Fisheries. London 1921. (*Psylla mali* S. 17—20.) — ***Fryer, J. C. F.** and others: Insects Pests of Crops in England and Wales, 1922/24. Ministr. Agricult. and Fisheries, Misc. Pubns. Nr 49. London 1925. (Rev. a. Ent. 14, A, 22—23.) — **Fürstenberg, C.:** Über die Bekämpfung der

Obstbaumschädlinge. Gartenflora **70**, 107—126. Berlin 1921. — Vorläufiges Ergebnis von Versuchen mit verschiedenen Spritzmitteln im Obstbau während des Winters. Dtsch. Obst- u. Gemüsebauztg **46**, 553—554. Berlin 1924. — Obstbaumkarbolineum. Ebenda S. 11—13. Berlin 1927. — **Furley, K. G.**: Report on the Experimental Spraying for the apple sucker (*Psylla mali*) with notes on ... Worcestershire Education Commitee (1907).

Geoffroy, E. L.: Histoire agrégée des Insectes **1**, 482—489 (1762). — *****Gilliatt, F. C.**: Some new and unrecorded notes on the life history of *Entomophthora sphaerosperma*. Proc. Acad. Ent. Soc. **1924**, Nr 10, 46—54. Truro 1925. (Rev. a. Ent. **13**, A, 496.) — *****Gimingham, C. T.** and **F. Tattersfield**: Laboratory and Field Experiments on the Use of 3 : 5 - Dinitro - o - Cresol and the Sodium Salt for Winter Spraying. J. Agricult. Sci. **17**, pt. 2, 162—180. Cambridge 1927. (Rev. a. Ent. **15**, A, 575.) — *A Report on Field Trials with 3 : 5 - Dinitro - o - cresol and its Sodium Salt for Winter Spraying. J. Pomol. Hortic. Sci., VII, no. 1—2, S. 146—155. London 1928. (Rev. a. Ent. XVI, A, 583). — *****Glasenapp, S.**: [Spritzen der Apfelbäume mit Tabakextrakt während der Blüte]. [Berichte des Büros der angewandten Botanik **6**, Nr 4, 243—250. St. Petersburg 1913. (Ebenda **1**, A, 371.) — *[Bekämpfung der Obstgarten-Schädlinge, die im Eizustande überwintern]. [Petrograd Market Gardening, Bull. Rural-Economic Dept. Petrograd Div. Gov. Publ.] Nr 8 (Supplement). Petrograd 1920. (Ebenda **9**, A, 551.) — *****Golitzin, S.**: [Ein Versuch zur *Psylla*-Bekämpfung mit Räuchermitteln]. [Obstzucht] **27**, Nr 2, 73—75. Petrograd, Febr. 1916. (Ebenda **4**, A, 168.) — *[Der Erfolg der *Psylla*-Bekämpfungsversuche der letzten Jahre mit Räuchermitteln]. [Obstzucht] **27**, Nr 8/9, 380. Petrograd, Aug.—Sept. 1916. (Ebenda **4**, A, 495.) — **Goot, P. v. d.**: Naamlijst van inlandsche Psyllidae. Entomol. Berichte D. **3**, 281 bis 285 (1912). — *****Goriainov, A. A.**: [Die landwirtschaftlichen Pflanzenschädlinge im Gouvernement Riazan]. Herausgegeben vom Zemstvo des Gouvernements Riazan. Riazan 1914. (Rev. a. Ent. **3**, A, 204.) — *[Die Arbeit des Büros für angewandte Entomologie und Phytopathologie im Jahre 1915]. Herausgegeben vom Entomol. Büro des Zemstvo vom Gouvernement Riazan. Riazan 1915. (Ebenda **5**, A, 91.) — *****Gram, E.** og **S. Rostrup**: Oversigt over Sygdomme hos Landbrugets og Havebrugets Kulturplanter i 1913. Tidskr. f. Planteavl. **30**, 361—414. Copenhagen 1924. (Ebenda **12**, A, 508.) — *Oversigt over Sygdomme hos Landbrugets og Havebrugets Kulturplanter i 1924. Saertr. af Tidskr. f. Planteavl. **31**, 353—417. Kopenhagen 1925. (Cbl. Bakter. **66**, Nr 15—21, 422—424. März 1926.[1]) — ******Grisdale, J. H.**: The apple sucker quarantine. Agricult. Gaz. Canada **7**, 788—789 (1920). — **Gruner, M.**: Beiträge zur Frage des Aftersekretes der Schaumcikaden. Zool. Anz. **23**, 431—436. Leipzig 1900. — **Güll, A.**: Die Theobaldsche Lösung zur Bekämpfung des Apfelsaugers. Der Obst- u. Gemüseb. **72**, 179. Berlin 1926. — Einige in diesem Frühjahr besonders stark verbreitete Obstbaumschädlinge. Ebenda **73**, 220. Berlin 1927. — **Guenther, F.**: *Psylla mali*, der Apfelblattsauger, einer der schlimmsten Obstbaumschädlinge. Dtsch. Obst- u. Gemüseb.-Ztg **71**, 550—551. Berlin 1925. (Referat über einen von W. Speyer gehaltenen Vortrag.) — Die Maßnahmen zur Bekämpfung des Apfelblattsaugers im Alten Lande. Ebenda S. 702—703. Berlin 1925.

*****Hagan, J.**: Spraying Experiments. J. Dept. Agricult. and Tech. Instruction for Ireland **18**, Nr 2, 186—188. Dublin 1918. (Rev. a. Ent. **7**, A, 64.) — **Hahn, A.**: Massenschaden durch den Apfelsauger oder Blattfloh. (Mit Nachschrift von L. Reh und C. Resch.) D. prakt. Ratg. im Obst- u. Gartenb. **25**, 256. Frankfurt a. d. O. 1910. — **Handlirsch, A.**: Wieviele Stigmen haben die Rhynchoten? Ein mor-

---

[1] Cbl. Bakt. = Referat im Centralblatt f. Bakteriologie, Parasitenkunde und Infektionskrankheiten, II. Abt.

phologischer Beitrag. Verh. zool.-bot. Ges. Wien **49**, 499—510 (1899). — *Harrison, T. W. H.: The Psyllidae of the Clevelands. Naturalist Nr 707, S. 400—401. London 1915. (Rev. a. Ent. **4**, A, 39.) — *Harukawa, C.: Studies on the Toxicity of Lime - sulphur Mixture. Ber. Ohara Inst. landw. Forschungen **3**, Nr 4, 379—396. Kuraschiki 1927. (Ebenda **16**, A, 189.) — Hauptstelle für Pflanzenschutz, Dahlem, Auftreten des Apfelblattflohes in der Provinz Brandenburg 1923. Dtsch. Obst- u. Gemüseb.-Ztg **70**, Nr 14. Berlin 1924. Provinzialbeilage Brandenburg S. 2. — Hauptstelle für Pflanzenschutz, Dresden, Apfelernte 1926 gefährdet. D. kranke Pflanze **2**, 42. Dresden 1926. — Hb.: Obst-, Garten- und Gemüsebau. Hannov. Land- u. Forstwirtsch.-Ztg **78**, 913—914. Hannover 1925. (Bericht über die Zuschüsse vom Reich, Preußen usw. zur Durchführung der Apfelsauger-Bekämpfung an der Niederelbe.) — Heeschen: Der Apfelsauger (*Psylla mali*) im Alten Lande. D. prakt. Ratg. im Obst- u. Gartenb. **25**, 270. Frankfurt a. d. O. 1910. — Vom Apfelsauger. Ebenda **31**, 373. Frankfurt a. d. O. 1916. — Heidorn: Einige Urteile über die Wirkung verschiedener Spritzflüssigkeiten (*Psylla mali*). Ratg. f. Obst- u. Gartenb. **6**, Nr 9. Blankenese 1926. — Heil, F.: Über das Blattlausmittel Thomilon. Nachr. über Schädlingsbekämpfung **1**, 31. I. G. Farbenindustrie Leverkusen 1926. — *Hewitt, C. G.: The European Apple - Sucker Quarantine. Agricult. Gaz. Canada **7**, 12. Ottawa 1920. (Rev. a. Ent. **8**, A, 168.) — Heydemann, F.: Der Apfelblattsauger und der angebliche Abbau der Sorte „Gravensteiner". Der Obst- u. Gemüseb. **73**, 92. Berlin 1927. — Heymons, R.: Beiträge zur Morphologie und Entwicklungsgeschichte der Rhynchoten. Nova Acta, Abt. d. ksl. Leop.-Carol. Dtsch. Akad. d. Naturf. **74**, 351—446 (1899). — Der morphologische Bau des Insektenabdomens. Zool. Cbl. **6**, 537—556 (1899). — Hiltner, L.: Bericht über die Tätigkeit der Kgl. Bayer. Agrikultur-Botanischen Anstalt in München im Jahre 1904. München 1905. (Stärkeres Auftreten des Apfelsaugers als früher.) — Holzinger, K.: Phenolhaltige Abwässer der Kokereien als Fischgift. Zeitschr. f. Fischerei u. deren Hilfswissenschaften **25**, 155—159. Berlin 1927. — *Husain, M. A. and D. Nath,: The Citrus Psylla (*Diaphorina citri* Kuw.). Psyllidae : Homoptera. Mem. Dept. Agricult. Ind. Ent. **10**, 5—27. Calcutta 1927. (Rev. a. Ent. **16**, A, 187.) — *Jarvis, H.: Fruit fly investigations. Third progress report. Queensland Agricult. J. **18**, 15—17. Brisbane 1922. (Ebenda **10**, A, 522.) (Bericht über schweren Schaden durch *Psylla mali*.) — *Jary, S. G.: Trials of tar - distillate washes in the West Midlands. J. Ministry Agricult. **33**, 753—761. London 1926. (Ebenda **14**, A, 644.) — *Tar - oil wash trials in the West Midlands, 1926—27. J. Ministry Agricult. **34**, 1107—1113. London 1928. (Ebenda **16**, A, 338—339.) — *Jones, H. L.: Winter Spraying of Fruit Trees with Carbolineum Washes. Welsh. J. Agricult. **3**, 298—302. Cardiff 1927. (Ebenda **15**, A, 516.)

   *Kelsall, A.: Control of Orchard Pests. 59th Ann. Rept. Fruit Growers' Assoc. Nova Scotia **1923**, 95—106. Kingston, N. S. 1923. (Rev. a. Ent. **11**, A, 395.) — Kershaw, J. C.: The alimentary canal of a Cercopid. Psyche **21**, 65—72 (1914) (Enthält die Abbildung des Darmkanals einer Psyllide.) — Kirkaldy, G. W.: Neue und wenig bekannte Hemiptera. Wien. entomol. Ztg **24**, 266—268 (1905). — *Kokujev, N.: [The application of iron sulphate in orchards]. [Garten, Gemüsegarten und Bachza Nr 5, S. 307—308. Astrachan] 1914. (Rev. a. Ent. **2**, A, 515.) — Kollar, V.: Naturgeschichte der schädlichen Insecten in Beziehung auf Landwirthschaft und Forstcultur. Wien 1837. — *Korolkov, D. M.: [Schädliche Garteninsekten]. [Mat rial zum Studium schädlicher Insekten im Gouvernement Moskau im Jahre 1912.] Herausgegeben vom Zemstvo des Gouvernements Moskau 1912—13, S. 1—25. (Rev. a. Ent. **1**, A, 206 u. 209.) — *[Anwendungsmöglichkeiten der Methoden zur Bekämpfung von Obstbauschädlingen in den Bauernwirtschaften der Obstgartenregion des Gouvernements Moskau]. [Werk des All-Russischen Kongresses der angewandten Entomologen in Kiew 1913.] S. 78—83. Kiew 1913. (Ebenda 3, A, 235.) — *[Schädliche Obstgarten-Insekten und deren Bekämpfungsmethoden]. [Obstgarten und Handelsgarten.] S. 69—74. Moskau 1914. (Ebenda 2, A, 319.) — *[Obstgarten-Schädlinge]. [Material zum Studium der schädlichen Insekten im Gouvernement Moskau] 5, 1—93. Moskau 1914. (Ebenda 2, A, 367—368.) — *[Über Bekämpfungsmethoden von *Psylla mali*]. [Material zum Studium der schädlichen Insekten im Gouvernement Moskau] 6, 44—54. Moskau 1915. (Ebenda 4, A, 213.) — *Krainsky, S.: [Gartenschäden und deren Bekämpfung im Gouvernement Kiew]. [Gartenbau und Handelsgärtner] 2, Nr 18 ff. (1914). (Ebenda 3, A, 393.) — Kraus, P. H.: Kampfmittel gegen den Apfelblattsauger. Erf. Führer im Obst- u. Gartenb. 16, S. 121—122. Erfurt 1915. — Kraus, X. P.: Ein unheimlicher Gartenfeind. Ebenda 13, 313. Erfurt 1913. — Krause, A.: Zur Systematik und Naturgeschichte der Psylliden (Springläuse) und speziell von *Psyllopsis fraxini* L. Cbl. Bakter. II 46, 80—96. Jena 1916. — Krause, F.: Zur Bekämpfung des Apfelsaugers, *Psylla mali*. Erf. Führ. im Obst- u. Gartenb. 19, S. 17—19. Erfurt 1918. — Kreisausschuß Stade, Gebührenordnung für die Benutzung der Motor- und Karrenbaumspritzen zur Bekämpfung des Apfelblattsaugers. Stader Tabeblatt 10. Febr. (1926). — Krieg, H.: Die Bekämpfung des Apfelblattsaugers in Amerika durch den parasitären Pilz „*Entomophthora sphaerosperma*“. Der Obst- u. Gemüseb. 73, 144. Berlin 1927. — *Ksenjopolsky, A. V.: [Bericht über die Pflanzenkrankheiten in Wollynien und über die Tätigkeit des Wollynischen Entomologischen Büros für 1914]. [Veröffentlicht vom Zemstvo des Gouvernements Wollynia.] Jitomir 1915. (Rev. a. Ent. 3, A, 606.) — *[Bericht über die Pflanzenkrankheiten in Wollynien und über die Tätigkeit des Wollynischen Entomologischen Büros für 1915]. [Veröffentlicht vom Zemstvo des Gouvernements Wollynia.] Jitomir 1916. (Ebenda 5, A, 199.) — Küster, E.: Nochmals: *Psylla mali*, der Apfelblattsauger (mit anschließender Erwiderung von F. Guenther). Dtsch. Obst- u. Gemüseb.-Ztg. 71, S. 616—617. Berlin 1925. — Zur Bekämpfung des Apfelblattsaugers. Der Obst- u. Gemüseb. 72, S. 155. Berlin 1926. — Kuwayama, S.: Die Psylliden Japans I. Sapporo Trans. Nat. Hist. Soc. 2, 149—189 (1907).

Lampa, S.: Berättelse till kongl. Landbruksstyrelsen angående resor och förrättninger för år 1896 af dess entomolog. Entomologisk Tidskrift 18 (1897). (*Psylla mali* S. 24 u. 25.) — Berättelse till kongl. Landbruksstyrelsen angående Verksamheiten vid Statens Entomologiske Anstalt under År 1902. Meddel. fr. kongl. Landbruksstyrelsen Nr 2 (1903). (Auch in: Uppsatzer i. praktisk Entomologi 13, 1—60. Stockholm 1903.) — Landrat des Kreises Jork, Bekanntmachung zur Bekämpfung des Apfelblattsaugers und des Fusicladiums. Jork, 20. Febr. 1928. Buxtehuder Tageblatt 22. II. 1928. — Latreille, P. A.: Considérations général sur L'ordre Natural des Animaux des Crustacés, Arachnides et des Insects. Paris 1810. — Lees, A. H.: Winter Cover Washes. Ann. Appl. Biol. 1, 351—364. London 1915. (Rev. a. Ent. 3, A, 286.) — Some Observations on the Egg of *Psylla mali*. Ann. Appl. Biol. 2, 251—257. London, April 1916. (Ebenda 5, A, 360.) — *Miscellaneous Notes on Plant Pests and their Treatment. Ann. Rept. for 1916, Agricult. and Hortic. Research Sta. S. 36—38. Long Ashton, Bristol. (Ebenda 6, A, 425.) — *The Best Time for Lime-Spraying Fruit Trees. J. Agricult. 23, 1091—1095. London, Febr. 1917. (Ebenda 5, A, 173.) — *Some Aspects of Spraying against Pests. J. R. Hortic. Soc. 42, 213—228. London, Sept. 1917. (Ebenda 5, A, 509.) — *Woolly Aphis of Apple. Univ. Bristol: Ann. Rept., Agricult. and Hortic. Research Sta. S. 46—47. Long Ashton, Bristol 1919. (Ebenda 8, A, 350.) — *Lees, A. H. and L. N. Staniland: Further Experiments with Tardistillate Washes. J. Ministry Agricult. 34, 923—931. London 1928. (Ebenda 16, A, 291.) — **Linnaeus, C.:** Syst. nat. 1, 453 (1758). — **Löw, F.:** Zur Biologie und Charakteristik der Psylloden nebst Beschreibung zweier neuer Species der Gattung *Psylla*. Verh. zool.-bot. Ges. Wien 26, 187—216 (1876). — Beiträge zur Kenntnis der Psylloden. Ebenda 27 (1877). (*Psylla mali*: S. 135—136, Synonyme.) — Zur Systematik der Psylloden. Ebenda 28, 585—610 (1878). — Mitteilungen über Psylloden. Ebenda 1879, 549—598. Wien 1880. — Katalog der Psylliden des paläarktischen Faunengebietes. Wien. entomol. Ztg 1, 209 bis 214 (1882). — Revision der paläarktischen Psylloden in Hinsicht auf Systematik und Synonymie. Verh. zool.-bot. Ges. Wien 32, 227—254 (1882). — Beiträge zur Kenntnis der Jugendstadien der Psylliden. Ebenda 34, 143—152 (1884). — Waxy secretion of Psyllid larvae. Psyche, J. of Entomol. 4, Nr 135—137, 310 (1885). — Neue Beiträge zur Kenntnis der Psylliden. Verh. zool.-bot. Ges. Wien 36, 149—170 (1886). — Übersicht der Psylliden von Österreich-Ungarn mit Einschluß von Bosnien und der Herzegowina, nebst Beschreibung neuer Arten. Ebenda 38, 5—40 (1888). — **Ludwigs, K.:** Zur Bekämpfung der Zuckermilbe (*Psylla mali*). Mitt. Garten-, Obst- u. Weinbau 20, 41—42 (1921). — Übersicht über die zeitliche Anwendung der verschiedenen Mittel zur Bekämpfung der wichtigsten Krankheiten und Schädlinge im Obst- und Gemüsegarten. Dtsch. Obst- u. Gemüseb.-Ztg. 69, S. 3 und 34. Eisenach 1923. — Zur Bekämpfung des Apfelblattflohs (*Psylla mali*). Ebenda 70, 147—149. Eisenach 1924. (Rev. a. Ent. 12, A, 285.) — **Lübben, H.:** Jahresbericht der Kreisobstbauschule zu Jork. 9 (1905/1906). Jork 1906. — **Lundblad, O.:** Aepple- och Päronbladloporna. Meddel. Nr 209. Centralanst. förs. jord. Ent. Avdeln. 37 (1920). — Skadedjur i Sverige åren 1922—1926. Meddel. Nr 317. Ebenda 51. Stockholm 1927. — Skadedjur i Sverige år 1927. Meddel. Nr 337. Ebenda 54. Stockholm 1928. — **Lundblad, O. og A. Tullgren,:** Skadedjur i Sverige åren 1917—1921. Meddel. Nr 249 Ebenda 40. Stockholm 1923. — ***Lutz, F. R.:*** Wind and the direction of insect flight. Amer. Mus. Novit. 1927, Nr 291. (vgl. **Reh**, 1928).

M. H.: Quelques mots sur les Psyllides. Feuill. d. jeun. natural. 2, 113—114 (1871/1872). — **Mammen, H.:** Morphologie der Heteropteren- und Homopterenstigmen. Zool. Jb., Abt. Anat. 34, 121—178 (1912). — **Metschnikoff, E.:** Embryologische Studien an Insekten. Z. wiss. Zool. 16 (1866). — **Meyer-Dür:** Die Psylloden. Skizzen zur Einführung in das Studium dieser Hemipterenfamilie. Mitt. Schweiz. Ent. Ges. 3, 377—406 (1871). — **Miestinger, K.:** Die Blattsauger, ihre Lebensweise und Bekämpfung. Mitt. d. Pflanzenschutzstelle in Wien (1917). — ***Minkiewicz, S.:*** [Über Feld- und Gartenschädlinge in Pulawy und Umgebung im Jahre 1919]. Mém. Inst. nat. polon. Econ. rur. Pulawy 1, Pt. A, 141—157. Krakow 1921. (Rev. a. Ent. 13, A, 146.) — The Apple-sucker *Psylla mali* Schmidb. Part. 1: Morphology. Bull. Acad. polon. Sci. et. Lettres, Sér. B, 1924, 589—603. Krakow 1924. (Ebenda 13, A, 215.) — *[*Psylla mali* Schmidb., Teil I: Morphologie und Färbung]. Mém. Inst. nat. polon. d'Econ. rur. à Pulawy 5, Pt. A, 250—272 Krakow 1924. (Ebenda 14, A, 108.) — [Der Apfelsauger (*Psylla mali* Schmidb.) Teil II: Entwicklung und Biologie]. Mém. Inst. nat. polon. d'Econ. rur. à Pulawy 8, p. a. (1927). Mémoire Nr 114, S. 457—528. Pulawy 1927. (Ebenda 16, A, 371 bis 372.) — **Mitzenheim, H.:** Ein wenig gekannter und deshalb um so gefährlicherer Schädling des Apfelbaumes (*Psylla mali*). Blätt. Obst- u. Gartenb. Nr 7, Beilage z. Dorfztg Hildburghausen 1925, Nr 159. — ***Mizerova, F.:*** [Bericht über die Arbeit des Entomologischen Büros Orel und Übersicht über die im Gouvernement Orel im Jahre 1913 und 1914 beobachteten Schädlinge]. [Herausgegeben vom Zemstvo des Gouvernements Orel] 31 S. und 23 S. Orel 1915. (Rev. a. Ent. 4, A, 163.) — ***Mokrzecki, S. A.:*** [Bericht (des Chef-Entomologen des Zemstvo) über schädliche Insekten und Pflanzenkrankheiten im Gouvernement Taurida im Jahre 1912]. Simferopol 1913. (Ebenda 1, A, 362.) — *[Die im Jahre 1913 im Gouvernement Taurida beobachteten schädlichen Insekten und Pflanzenkrankheiten]. [Bericht des Chef-Entomologen des Zemstvo im Gouvernement Taurida für das Jahr 1913.] Simferopol 21 (1914). (Ebenda 2, A, 334.) — *[Ein kurzer Überblick über die Arbeit der Salgir Pomologischen Station in Simferopol für das Jahr 1913 bis 1915]. Simferopol 1916. (Ebenda 5, A, 157.) — *Moritz, L.: [Die hauptsächlichsten Gartenschädlinge und deren Bekämpfung]. [Gouvernement Stavropol, Abteilung: Bekämpfung landwirtschaftlicher Schädlinge.] Stavropol 1920. (Ebenda 10, A, 117.)

Naumann: Das Verbreitungsgebiet des Apfelblattsaugers vergrößert sich. Erf. Führ. im Obst- u. Gartenb. 16, 90. Erfurt 1915. — **Niederelbischer Landesobstbauverband,** Apfelsauger. D. prakt. Ratg. im Obst- u. Gartenb. 41, 315. Frankfurt a. d. O. 1926. (Erwiderung z. Bericht von Wittmann in Nr. 27.) — **Nikolky, M.:** (Influence de la dépression des boutons des pommiers, produite par les larves de *Psylla mali* Schmidb., sur la grandeur d'*Anthonomus pomorum* L. qui en éclosent.) La Défense des plantes 4, 222—225. Bull. du Bureau permanent des Congrès Entomo-Phytopathologiques de Russie. Leningrad 1927. (Rev. a. Ent. 16, A, 38.)

Obst, W.: Die Apfelsaugerbekämpfung an der Niederelbe. Der Obst- u. Gemüseb. 72, 40—41. Berlin 1926 (Unrichtige Darstellung der niederelbischen *Psylla mali*-Bekämpfung). — **Obstbaumschädlingsbekämpfung.** Stader Tageblatt. Beilage: Die Landwirtschaft Nr 40. Stade 1925 (Mitteilung über die an der Niederelbe geplante *Psylla*-Bekämpfung). — **Obstbauverein** für Stadt- und Landkreis Celle, Der Apfelsauger. Niedersächs. Ztg f. Obst-, Gemüse- u. Gartenb. 35, 79. Hannover 1926. — *Ol, I. A.: [Beantwortung]. [Fortschrittliche Obstzucht und Handelsgartenb.] Nr 22, S. 704, 711—712 u. 713. St. Petersburg 1914. (Rev. a. Ent. 2, A, 496.) — **Ormerod, E. A.: Rept. Inj. Ins. for 1890. 1891. (*Psylla mali* S. 4—11.) — **Ebenso für 1891. 1892. (*Psylla mali* S. 6—7.) — Handbook of Insects injurious to Orchard and Bush Fruits. London 1898. (*Psylla mali* S. 42—45). — **Rept. Inj. Ins. for 1898. 1899. (*Psylla mali* S. 15.) — **Ebenso für 1900. 1901. (*Psylla mali* S. 99—100.) — *Orzhelsky, K.: [Räuchern mit Tabakqualm in Obstgärten gegen *Psylla mali* im Jahre 1914 in dem Distrikt Shigrovsk (Gouvernement Kursk)]. [Fortschrittliche Obstzucht und Handelsgartenbau.] Nr 35, S. 1062 bis 1063. Petrograd 1914. (Rev. a. Ent. 2, A, 615—616.) — *[Über die Bekämpfung von *Psylla mali* durch Tabakqualm]. [Fortschrittlicher Garten- u. Handelsgartenbau] Nr 20, S. 604—606. Petrograd 1915. (Ebenda 3, A, 540.) — **Oshanin:** Verz. paläarkt. Hem. 2, 355 (1907); 3, 191 (1910) (Verbreitung).

*Parker, T.: Tar Oil Emulsions. F. B. G. Journal 3, 111—112. London 1924. (Rev. a. Ent. 13, A, 93.) — *Parnell, F. R.: The Breeding of Jassid-resistant Cottons in South Africa. Empire Cotton-growing Corp., Repts. Expert. Stas., 1923 bis 1925 (S. Africa). S. 5—9. London 1925. (Ebenda 13, A, 527.) — *Parrot, P. J. and H. E. Hodgkiss: The pear psylla. New York Agricult. Exper. Station. Circular Nr 20 (1913). (Ebenda 1, A, 127.) (Gegen die Wintereier wird 10%/₀ige Schwefelkalkbrühe empfohlen.) — **Parrott, P. J., H. E. Hodgkiss and F. Z. Hartzell:** The rosy aphis in relation to abnormal apple structures. New York Agricult. Exper. Stat., Techn. Bull. Nr 66. Geneva, N. Y., 1919. — **Patch, E. M.:** Homologies of the wing veins of Aphididae, Psyllidae, Aleyrodidae and Coccidae. Ann. Ent. Soc. Amer. 2, 101—129 (1909). — **Pekrun, A.:** Ein weiterer Alarmruf gegen den Apfelsauger! (Apfelblattfloh, *Psylla mali*.) Erf. Führ. im Obst- u. Gartenb. 20, 18 u. 19. Erfurt 1919. — *Petherbridge, F. R.: Spraying for Apple Sucker and Leaf-curling Plum Aphis. J. Bd. Agricult. 21, 915—919. London

1915. (Rev. a. Ent. 3, A, 278.) — Spraying for Apple Sucker (*Psylla mali*). Ann. Appl. Biol. 2, 230—234. London 1916. (Rev. a. Ent. 5, A, 382.) — *Platonov, A.: [Tätigkeitsbericht des Zemstvo des Distriktes Efremov (Gouvernement Tula) in der Gartenkultur 1913]. [Obst- u. Handelsgartenbau.] Nr 7/8, S. 316—319. Moskau. (Ebenda 3, A, 152.) — *Pliginsky, V. G.: [Ein Versuch, die Erfolge des Räucherverfahrens gegen *Psylla mali* abzuschätzen]. [Der Gärtner.] 15, 101—103. Rostov am Don 1916. (Ebenda 4, A, 169.) — *[Schädliche Insekten an Kulturpflanzen im Gouvernement Kursk im Jahre 1915]. [Das Entomol. Büro des Zemstvo des Gouvernements Kursk.] Kursk 1916. (Ebenda 4, A, 331.) — *[*Psylla* sp. und ihre Bekämpfung]. [Der Gärtner.] Nr 8, S. 443—446. Rostov am Don 1916. (Ebenda 4, A, 500.) — *[Nochmals die Räucherung mit Tabakqualm]. [Zeitschr. der angewandten Entomologie] 1, 80—81. Kiew 1917. (Ebenda 5, A, 301.) — *[Pokrovskiǐ, E. A.: Experiments with various Materials for the Control of *Psylla mali* Schmidb., in the Egg Stage]. Trud. Opuitno-Issled. Uchastka Stantz. Zashch. Rast. Vred. Moskovsk. Zemel. Otd. pt. 1, S. 133—138. Moscow 1927. (Russisch.) (Ebenda 16, A, 415—416.) — *Portchinsky, I. A.: [Eine Übersicht über die Verbreitung der hauptsächlichsten schädlichen Insekten in Rußland im Jahre 1912]. [Jahrbuch der Ackerbau-Abteilung der Zentralbehörde für Landes-Verwaltung und Landwirtschaft] S. 351—361. St. Petersburg 1913. (Ebenda 2, A, 198.) — *Prochorov, J.: [Über die Bekämpfung von Schädlingen]. [Obstgarten, Gemüsegarten und Bachza] Nr 8, S. 366—368. Astrachan 1915. (Ebenda 3, A, 700.)

*Rakushev, F. N.: [Karbolsäure-Emulsion]. [Der Gärtner.] Nr 10, S. 801 bis 804. Rostov am Don 1914. (Rev. a. Ent. 3, A, 139.) — Réaumur: Mém. Hist. Ins. 3, 351—362 (1737): (des faux pucerons du figuier et de ceux du buis). — Regierungspräsident in Stade: Polizeiverordnung zur Bekämpfung des Apfelblattsaugers. 5. XI. 1925. Amtsblatt der Regierung zu Stade. Stück 46, Nr 387. Stade 1925. — Polizeiverordnung zur Bekämpfung des Apfelblattsaugers. 25. XI. 1926. Ebenda, Stück 48, Nr 333. Stade 1926. — Reh, L.: Phytopathologische Beobachtungen, mit besonderer Berücksichtigung der Vierlande bei Hamburg. Jb. d. Hamburger Wiss. Anst. 19, 184 (1902). — Tierische Feinde. Bd. III des Handbuchs der Pflanzenkrankheiten von Sorauer. Berlin 1913. (*Psylla mali* S. 648.) — Beantwortung einer Anfrage von H. R. in Jork. D. prakt. Ratg. im Obst- u. Gartenb. 31, 280. Frankfurt a. d. O. 1916. — Der Apfelblattsauger. Korresp.bl. der wirtschaftl. Schädlingsbekämpfung. 4, Nr 1. Crossen a. d. O. 1927. — Einige Pflanzenkrankheiten in und bei Hamburg. Hamburger Kleingarten-Post, H. 10, S. 9—11 (1927). — Windrichtung und Insektenflug. (Referat über Lutz, F. E.: Wind and the direction of insect flight. Amer. Mus. Novit. Nr 291, 1927.) Anz. f. Schädlingskde 4, 11. Berlin 1928. — **Reuter, E.: Berättelse öfver Skadeinsekters uppträdande i Finland Ar 1900. Landbruksstyrelsens Meddelanden Nr 35. Helsingfors 1901. — **Berättelse öfver Skadeinsekters uppträdande i Finland Ar 1901. Ebenda Nr 39. Helsingfors 1902. — **Berättelse öfver Skadeinsekters uppträdande i Finland Ar 1902. Ebenda Nr 45. Helsingfors 1903. — **Berättelse öfver Skadeinsekters uppträdande i Finland Ar 1903. Ebenda Nr 47. Helsingfors 1904. — *Reuter, O. M.: Medd. F. F. Fenn. 1 (1873). (*Psylla mali* S. 716). — Catalogus Psyllidarum in Fennia hactenus lectarum. Meddel. Soc. pro Fauna et Flora Fennica 1, 69—77 (1876). — Till kännedom om Skandinaviens Psylloda. Entom. Tidskr. 2 Årg., H. 3, S. 145—172 (1881). — Richardson, Ch. II.: The oviposition response of insects. U. S. Dept. of Agricult., Dept. Bull. Nr 1324. Washington, D. C., 1925. — R.-G.: Das niederelbische Obstbaugebiet und die *Psylla mali*. Der Obst- u. Gemüseb. 72, 249. Berlin 1926. — Riehm: Zur Winterbekämpfung der Blattlaus- und Blattfloheier (*Psylla*).

Wegw. Obst- u. Gartenb. **34**, 29 (1926). — **Ringleben, Jhs., I. C.**: Rettet den deutschen Obstbau! (Denkschrift gerichtet an den Herrn Reichsminister f. Ernährung und Landwirtschaft und an den Herrn Preußischen Minister f. Landwirtschaft, Domänen und Forsten.) Als Manuskript gedruckt 24. VI. 1925. — ***Ritzema Bos, J.**: Ziekten en beschadigingen veroorzaakt door Dieren. Meded. R. Hoogere Land, Tuin en Boschbouwsch. **8**, 301—331. Wageningen 1915, (Rev. a. Ent. **3**, A, 743.) — ***Romanovsky-Romanko, A.**: [Die Behandlung eines Obstgartens]. [Gartenbote, Obstzucht und Handelsgartenbau] **56/57**, Nr 11—12. Petrograd 1915. (Ebenda **5**, A, 249.) — ***Romanovsky-Romanko, V.**: [Die Wichtigkeit des Tabakqualmes für Obstzucht und Handelsgartenbau]. [Landwirtschaftl. Ztg] Nr 36 (48), S. 1162—1163. Petrograd 1914. (Ebenda **3**, A, 20.) — **Rothe, G.**: Über Bodenreaktionen in Obsthöfen des Alten Landes. Nachr.bl. f. d. dtsch. Pflanzenschutzdienst Nr 3. Berlin 1928.

*** Sanders, G. E.**: Spraying versus dusting. Agricult. Gaz. Canada **8**, 134—136. Ottawa 1921. (Rev. a. Ent. **9**, A, 319.) — ****Saunders, L. G.**: The Anatomy of *Psyllia mali* Schmidb. Manuskript Thesis (M. Sc.) Mc Gill University. Montreal 1921. — **Schmidberger, J.**: *Chermes mali* Schmidb. Beitr. z. Nat. schädl. Ins. **4**, 186—199 (1836). — Die Apfel-Afterblattlaus. *Chermes mali* Schmidb. In: Kollar, Vincenz, Naturgeschichte der schädlichen Insecten in Beziehung auf Landwirthschaft und Forstcultur 8. Wien 1837. — *** Schøyen, T. H.**: Beretning over skadeinsekter och plantesygdomer i land og havebruket 1913. Kristiania 1914. (Rev. a. Ent. **3**, A, 107.) — *Beretning om skadeinsekter og plantesygdommer i land og havebruket 1915. Kristiania 1916. (Ebenda **4**, A, 502.) — *Beretning over plantesygdome i Norge 1916. Saertryk ur Landtbruksdirektörens Aarsberetning for 1916, S. 37—85. Kristiania 1917. (Ebenda **6**, A, 285.) — **Schøyen, V. M.**: Notes on insects of Norway and Sweden. U. S. Dept. of Agricult., Div. of Ent., Bull. **9**, 79—80. Washington. — Beretning om skadeinsekter og plantesygdomme i 1896. Kristiania 1897 (*Psylla mali* Schmidbg. S. 37 u. 38). — Beretning om skadeinsekter og plantesygdomme i 1902. Kristiania 1903 (*Psylla mali* S. 17). — Beretning om skadeinsekter og plantesygdomme i 1903. Kristiania 1904 (*Psylla mali* S. 13). — ****Schreiner, J. T.**: Travaux du Bureau du Comité du Minist. d'Agriculture et des Domaines. Petrograd 1906. — ****Scott, J.**: Food-plants and times of appearance of the species of Psyllidae found in Great Britain. Entom. MonthlyMag. **19**, 13—15. — Monograph of the British species belonging to the Hemiptera-Homoptera, Fam. Psyllidae, together with the description of a genus which may be expected to occur in Britain. Trans. Ent. Soc. London 1876 (*Psylla* S. 542—543). — Description of the nymph of *Psylla mali* Schmidtb. Entom. Monthly Mag. **22**, 281 (1885—1886). — ***Sherrard, O.**: The Winter Spraying of Fruit Trees. Tests with the new Tar-oil Washes. [Ireland:] Dept. Lands and Agricult. J. **25**, 297—304. Dublin 1926. (Rev. a. Ent. **14**, A, 183.) — ***Smith, K. M.**: The Injurious Apple Capsid (*Plesiocoris rugicollis* Fall.). J. Ministry Agritult. **27**, 379—381. London 1920. (Rev. a. Ent. 8, A, 405.) — **Speyer, W.**: Die Schädlinge im Obstbau und ihre Bekämpfung. Stader Tageblatt **1926**, Januar. Beilage: Die Landwirtschaft Nr 13. — Die Aussichten des Kampfes gegen den Apfelsauger. Ebenda **1926**, März. Beilage: Die Landwirtschaft Nr 12. — Die Bekämpfung des Apfelsaugers mittels Petroleum-Seifenemulsion. Der Obst- u. Gemüseb. **72**, 107. Berlin, April 1926. (Zu dem Aufsatz von A. Trobchen in H. 5.) — Von der Bekämpfung des Apfelsaugers an der Niederelbe (1. Beitrag). Nachr.-bl. f. d. dtsch. Pflanzenschutzdienst **6**, 35—36. Berlin, Mai 1926. — Bekämpfung der Obstbaumschädlinge im Juni. Stader Tageblatt **1926**, Juni. Beilage: Die Landwirtschaft Nr 23. — Über den Laubfall an Apfelbäumen und das Abfallen unreifer Kirschen im niederelbischen Obstbaugebiet. Nachr.bl. f. d. dtsch. Pflanzenschutzdienst **6**, 95—97. Berlin, Dezember 1926. — Beitrag zur Phenolempfindlichkeit der Fische. Zeitschr. f. Fischerei u. deren Hilfswissenschaften **25**, H. 4 (1927). — Die Apfelsaugerbekämpfung an der Niederelbe. Ergebnisse und Lehren. Stader Tageblatt **1927**, Febr., Nr 38. — Von der Bekämpfung des Apfelsaugers an der Niederelbe (2. Beitrag). Nachr.bl. f. d. dtsch. Pflanzenschutzdienst **7**, 25. Berlin, März 1927. — Die Bekämpfung des Apfelblattsaugers an der Niederelbe. (Winter 1925—26.) Der Obst- u. Gemüseb. **73**, 107—108. Berlin, April 1927. (Autoreferat von Nachr.bl. f. d. dtsch. Pflanzenschutzdienst **1926**, Nr 5 u. 12; **1927**, Nr 3.) — Zur Frühjahrsbekämpfung des Apfelblattsaugers (*Psylla mali* Schmidb.). Der Obst- u. Gemüseb. **73**, Nr 10. Berlin, Mai 1927. — Von der Bekämpfung des Apfelsaugers an der Niederelbe (3. Beitrag). Nachr.bl. f. d. dtsch. Pflanzenschutzdienst **7**, Nr 7. Berlin, Juli 1927. — Das Absterben von Fischen und Regenwürmern infolge der Winterspritzung mit Obstbaumkarbolineum. Anz. f. Schädlingskde **3**, Nr 7. Berlin, Juli 1927. — Die Ergebnisse des Kampfes gegen den Apfelblattsauger an der Niederelbe. Hannov. Land- u. Forstwirtsch.-Ztg **80**, 633. Hannover, August 1927. — Von der Bekämpfung des Apfelsaugers an der Niederelbe (4. Beitrag). Nachr.bl. f. d. dtsch. Pflanzenschutzdienst **7**, Nr 9. Berlin, September 1927. — Der Apfelblattsauger (*Psylla mali* Schmidb.). Flugblatt Nr 90 der Biol. Reichsanst. Land- u. Forstw. Berlin, Oktober 1927. — Erfahrungen bei der Bekämpfung des Apfelblattsaugers an der Niederelbe. Anz. f. Schädlingskde **4**, 1—6. Berlin, Januar 1928. — Ist der Apfelsauger noch eine Gefahr für den niederelbischen Obstbau? Stader Tageblatt **1928**, Juli. Beilage: Die Landwirtschaft Nr 27. — **Steyer:** Jahresbericht der Landwirtschaftlichen Versuchsstation (Hauptstelle f. Pflanzenschutz) Lübeck für das Jahr 1927 (*Psylla mali*, S. 6). — ***Sudeikin, G. S.:** [Krankheiten der Kulturpflanzen im Gouvernement Voronezh nach den im Jahre 1912 gemachten Beobachtungen]. [Herausgegeben vom Zemstvo]. Voronezh 1913. (Rev. a. Ent. **2**, A, 35.) — ****Šulc, K.:** Cas. Cesk. Spol. Ent. **2** (1905) (*Psylla mali* S. 2). — Úvod do studia synoptická tabulka a synonymický katalog druhu rodu Psylla, palaearktiscké oblasti. Sitzgsber. Böhmische Ges. d. Wiss. Nr 22, S. 27 (1909). (Nur Systematik.) — ***Sundwick, E. E.:** Über Psyllawachs, Psyllastearylalkohol und Psyllostearylsäure. Z. physik. Chem. **33** (1901). — ***Svjatowitch-Bielikova, A. V.:** [Jahresbericht des Entomologischen Büros (von Kaluga) für 1913—14]. [Herausgegeben vom Zemstvo des Gouvernements Kaluga S. 89—106 (1914).] (Rev. a. Ent. **3**, A, 310.)

Taschenberg, E.: Die dem Wein- und Obstbau schädlichen Insekten. Wirtschaftliche Ergänzungsblätter. Verh. naturhist. Ver. d. preuß. Rheinlande u. Westphalens **29**, 3. Folge **9**. Bonn 1872 (*Psylla mali*, S. 84). — **Taschenberg, O.:** Schutz der Obstbäume gegen feindliche Tiere, 3. Aufl. Stuttgart 1901 (*Psylla mali*, S. 153—154). — **Taylor, L. H.:** The thoracic sclerites of Hemiptera and Heteroptera. Ann. Entomol. Soc. Amer. Columbus **3**, 226—250. Ohio 1918. — **The Apple Sucker** (*Psylla mali* Förster). Board of Agricult. and Fisheries. Leaflet Nr 16. London 1893. Revised 1905. — ***[The application** of Iron Sulphate in Orchards]. [Garten, Gemüsegarten und Bachza.] Nr 5, S. 307—308. Astrachan 1914. (Rev. a. Ent. **2**, A, 515.) — ***[The application** of Iron Sulphate in Orchards]. [Russian Subtropics], Journal of the Agricult. Society and of the Botanical Garden of Batum **9**, 103—104. Batum 1916. (Ebenda **4**, A, 501.) — ***The Duke of Bedford and Pickering:** Science and Fruitgrowing, being on Account of the Results obtained at the Woburn Experimental Fruit Farm since its Foundation in 1894. London: Macmillan and Co., Ltd. 1919. (Ebenda **8**, A, 133.) — ***The Market-Fruit-Garden.** Does Spraying for Apple-sucker pay? Gardeners' Chron. **4**, Nr 1428 and 1430, S. 309/310 and 349. London 1914. (Ebenda **2**, A,

628.) — **Theobald, F. V.:** The Apple Sucker or Chermes. Text Book of Economic Zoology, S. 245—246. Edinburgh and London (Blackwood) 1890. — Eggs on Apple Trees and a further Remedy for Mussel Scale. 1st Report on Econ. Zool. (Brit. Mus.) S. 20—27 (1903). — The Apple Sucker (*Psylla mali* Förster). 2nd Report on Econ. Zool. (Brit. Mus.) S. 45—48 (1904). — Three british fruittree pests liable to be introduced with imported nursery stock. U. S. Dept. Agricult. Div. Entom. Bull. **44.** Washington 1904 (*Psylla mali* S. 65—67). — Report on Economic Zoology for the year ending April 1st 1905, S. 39 (1905). — The apple sucker (*Psylla mali* Schmidb.). Effects of Caustic Alkali Wash on Apple Sucker (*Psylla mali*) ova. Report on Econ. Zool. for the year ending April 1st 1906, S. 37—38. (1906). — Report on the Orchards and Fruit Plantations of Worcestershire with a short account of some of the diseases observed. And suggestions for their treatment. Worcestershire Education Committee 1906. — Report on Econ. Zool. for 1908 (*Psylla mali* Schmidb., S. 55—73) (1908). — Report on Econ. Zool. for the year ending April 1st 1909. The Apple sucker (*Psylla mali* Schmidb.) S. 38—39. London 1909. — The Insect and other allied Pests of Orchard, Bush and Hothouse Fruits and their Prevention and Treatment. The Apple Sucker (*Psylla mali* Schmidb.), S. 153—165. Wye 1909. — **Text Book of Agricult. Zoology, 2nd ed. *Psylla mali* Schmidb. S. 272—273 (1913). — *[**The Question** of the Work of Local Entomological Stations]. [Bull. 2nd All-Russian Entomo-Phytopathological Meeting in Petrograd, October 1920.] Nr 2 und 5, S. 1—2 and 29—32 (1920). (Rev. a. Ent. **9**, A, 327—328.) — **Trappmann, W.:** Die Bekämpfung des Apfelsaugers (*Psylla mali*). Der Obst- u. Gemüseb. **72**, 41—42. Berlin 1926. — **Trede, F.:** Obstzüchter bereitet Euch vor auf die Vernichtung des Apfelsaugers. Altländer Ztg Nr 69. Jork 1922. — Die Bekämpfung des Apfelsaugers an der Niederelbe. Der Obst- u. Gemüseb. **72**, 153—154. Berlin 1926. — **Trobchen, A.:** Zur Bekämpfung des Apfelsaugers. Ebenda **72**, 75. Berlin 1926. — **Tullgren, A.:** Skadedjur i Sverige Åren 1912 bis 1916. Meddel. fr. Centralanst. f. Jordbruksförsök, Nr 152; Entomologiska Avdelningen Nr 27, S. 104. Stockholm 1917. (Rev. a. Ent. **6**, A, 145.)

*****Umnov, A.:** [Bericht über die Tätigkeit des Entomologischen Büros des Zemstvo von Kaluga im Jahre 1913]. Kaluga 1913. (Rev. a. Ent. **2**, A, 264.)

*****Vitkovsky, N.:** [Schädlinge und Pflanzenkrankheiten, 1913 im Gouvernement Bessarabien beobachtet]. [Memoiren der Bessarabischen naturforschenden Gesellschaft.] Kishinev 1914. (Ebenda **3**, A, 226).

Wahl, B.: Der Pflanzenschutz in Österreich. Verh. d. dtsch. Ges. f. angew. Entomologie auf der 6. Mitgl.-Vers. Wien, 28. IX. bis 2. X. 1926, S. 69. Berlin 1927. — **Walter, G.:** Die Bekämpfung von Forstschädlingen durch Nikotinvernebelung. Forstarchiv **1925**, 70—74. Hannover 1925. — *Warburton, C.:** Annual Report for 1921 of the Zoologist. J. R. Agricult. Soc. England **32**, 270—275. London 1921. (Rev. a. Ent. **10**, A, 366.) — **Weber, H.:** Zur vergleichenden Physiologie der Saugorgane der Hemipteren. Z. vergl. Physiol. 8, 145—186. Berlin 1928. — Kopf und Thorax von *Psylla mali* Schmidb. (Hemiptera-Homoptera). Eine morphogenetische Studie. Z. Morph. u. Ökol. Tiere 14. 59—165 (1929). — **Willkomm, M.:** Forstliche Flora von Deutschland und Österreich oder forstbotanische und pflanzengeographische Beschreibung aller im Deutschen Reich und Österreichischen Kaiserstaat heimischen und im Freien angebauten und anbauungswürdigen Holzgewächse. Leipzig 1887 (Apfelbaum-Verbreitung S. 849). — **Witlaczil, E.:** Die Anatomie der Psylliden. Z. wiss. Zool. **42**, 569—638 (1885). — **Wittmann, H.:** Der Blattfloh oder Apfelblattsauger (*Psylla mali*). Dtsch. Obstbauztg. **61.** 57. Eisenach 1915. — Über Lebenskunde und Bekämpfung von *Psylla mali*. Ebenda **62**, 119—123. Eisenach 1916. — Der Apfelsauger, ein schlimmer, noch zu wenig beachteter Feind des Obstbaus. Erf. Führ. im Obst- u.

Gartenb. **19,** 397—398, 405—406. Erfurt 1919. — Ein wirksames Mittel zur Bekämpfung des Apfelsaugers (*Psylla mali*). Dtsch. Obstbauztg **67,** H. 26. Eisenach 1921. — Die Bekämpfung des Apfelsaugers. Der prakt. Ratg. im Obst- u. Gartenb. **41,** 246—247. Frankfurt a. d. O. 1926. — **Woroniecka, J.:** [Observations on the pests of cultivated plants, which appeared in the district of Lublin and in a part of the district of Kielce during the years 1926 and 1927.] Mém. de l'Inst. Nation. Polon. Econ. rur. à Pulawy. **9,** Mém., 247—249 (1928).

*****Zacharievskaja, A. V.:** [Ein Überblick über die Tätigkeit des Gartenbaulehrers im Distrikt Makarievsk des Gouvernements Nijni-Novgorod]. [Obst- u. Handelsgarten] Nr 3, S. 152—154. Moskau 1915. (Rev. a. Ent. **3,** A, 440.) — **Zacher, F.:** Schädliche Blattflöhe. Gartenflora **62,** 156—159. Berlin 1913. — Die Literatur über die Blattflöhe und die von ihnen verursachten Gallen, nebst einem Verzeichnis der Nährpflanzen und Nachträgen zum „Psyllidarum Catalogus". Cbl. Bakter. II **46,** 97—111. Jena 1916. — Schädlingsplagen im Werderschen Obstbaubezirk. Sonderheft der Mitteilungen der Dtsch. Landwirtschaftsges. Nr. 24 (1920) S. 331—332. — Der Birnenknospenstecher und andere Schädlinge im Havelobstgau. Verh. dtsch. Ges. angew. Entomol. 3. Mitgl.-Vers. zu Eisenach, 28.—30. September 1921, S. 64—66. Berlin 1922. (Ebenda **11,** A, 131.)